JN063768

2023-2024 最新改訂版!

大人のための
LINE/Facebook/
X/Instagram/
TikTok/Threads
ライン／フェイスブック
エックス／インスタグラム
ティックトック／スレッズ

パーフェクトガイド

CONTENTS

LINE

Facebook 52

Threads

TikTok

ダウンロード付録
上級テクニック集PDF

LINE

Facebook

X

Instagram

便利なSNSツールを
楽しみながら
使いこなせるように
なりましょう!

友だちが
使っているものから
始めるのが
やっぱり近道!

ひとことで
「SNS」といっても
中身はけっこう
違うのね!

LINEやFacebook、X（元Twitter）、Instagramといった現在の代表的なSNSツールに加えて、最新の「Threads」（スレッズ）やショート動画で盛り上がっている「TikTok」も解説しているのが本書です。

6つの人気アプリを集めた本書ですが、それぞれのサービスは似ているようでだいぶ違っています。すでに友達、知り合いである人たちとスムーズに連絡をとりやすくするツールであるLINE。ビジネス、社交的な付き合いもでき、中心の年齢層が少し高いのがFacebook。もっとも気楽に使え、未知の人と知り合いになりやすいのがX。このXは長らく「Twitter」という名称だったものが2023年に「X」に変更されました。こういうこともあるのですね。言葉よりも完全に画像や動画が中心でおしゃれな印象の強いのがInstagram。

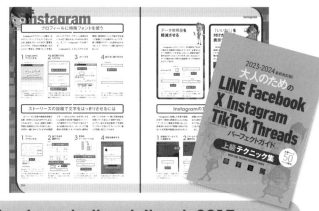

初めての人は12ページからの「Q&A」を読むとわかりやすいよ!

基本を使えるようになったら上級テクニックPDFを読むといいよ!

Instagramと共通の友だちとテキストを中心とした交流が楽しめるThreads。若年層に大人気の縦型動画での交流ができるTikTok……ものすごくおおざっぱにいえばそんな感じでしょうか。

Threadsはかなり新しいツールではありますが、それ以外の5つのアプリは、どれも開始されてからある程度時間が経っているサービスです。ただ、こういうアプリを使い始めることに「早い」「遅い」はありません! 自分が気になってきた段階で始めればよいのです。「今さら」などと感じる必要はまったくありません。軽い気持ちで、一番気になるアプリから始めてみましょう。

iPhoneでの アプリ・インストール

App Install Guide For iPhone

Appleが開発・販売しているスマートフォンです。価格はや
や高めですが、Apple製のコンピュータ「Mac」の流れを受
け継いだ、シンプルで使いやすいOSとスタイリッシュな筐体
が人気のポイントでしょう。ホームボタンのない「iPhone X」
以降の機種と、ホームボタンのある機種（SEシリーズなど）
で操作性が若干違っています。操作するにはApple IDが
必要になります。本書で紹介しているSNSアプリはすべて
無料で利用できます。

←写真は最新のiOS 16.6.1を搭載したiPhone 14。
毎年アップデートで機能が向上するのもiPhoneの喜びだ。

ホーム画面で「App Store」をタップして起動させ
ます。

App Storeの画面になったら、右下の「検索」をタ
ップします。

検索ウィンドウにインストールしたいアプリ名を入力し
ます。アプリ名をすべて入力しなくても候補が表示さ
れますが、類似アプリと間違えないようにしましょう。

LINE　　　　 Facebook　　　　 Twitter　　　　 Instagram　　　　 Zoom

正しいアプリが表示されたら「入手」をタップします。

iPhoneの機種により異なりますが、Touch IDかFace IDでの認証を行います。

ファイルのダウンロードが開始されます。終わるまでしばらく待ちましょう。

インストールが終了しました。「開く」をタップするとアプリが起動し、設定を進めていくことができます。

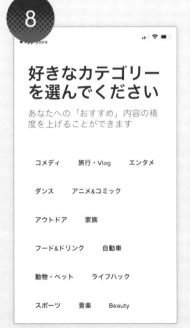

アプリが起動しました。これでアプリを使うことができます。

ホーム画面のアイコンをタップしてもアプリを起動できます。

Androidでの
アプリ・インストール
App Install Guide For Android Smartphone

Googleが開発した「Android」OSを搭載したスマートフォンがAndroidスマホです。iPhoneとは違い、国内外の多くのメーカーから発売されており、スペックも価格も千差万別です。最新機種でも、iPhoneより安く買えるものも多く、またカメラなど、一部の機能に特化した機種などもあります。操作するにはGoogleアカウントが必要になります。本書で紹介しているSNSアプリはすべて無料で利用できます。

←写真はGoogleより発売されている「Pixel 7」。
機能と価格のバランスがとれた、とても使いやすいスマホです。

ホーム画面、もしくはアプリ画面で「Playストア」を起動させます。

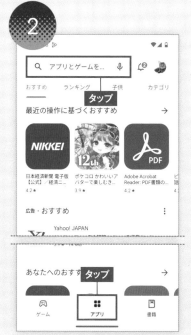

Playストアの画面になったら、「アプリ」タブをタップして、検索ウィンドウをタップします。

インストールしたいアプリ名を入力します。関連アプリなどが大量に表示されますので、間違えないように注意しましょう。

LINE   Facebook   Twitter   Instagram   Zoom

アプリが表示されたら、アイコンやタイトルを確認し、目的のものと違っていないか確認しましょう。

「このアプリについて」をタップしてアプリの解説文にも目を通しましょう。大丈夫なら「インストール」をタップします。

ファイルのダウンロードが始まります。終わるまでしばらく待ちましょう。

インストールができました。「開く」をタップしましょう。

サイン、ログインが可能な画面になりました。本書の該当アプリの記事を見ながら進めていきましょう。

ホーム画面のアイコンをタップしてもアプリを起動できます。

SNS Q&A

SNSってどういうもの!? ・・

みんな、いろいろなアプリを使って日常のことを書き込んでいるみたいだけど、どういう楽しさがあるのか、どんなアプリをどんな感じで使っていけばいいのかがわからない!……そんな方は多いと思います。このコーナーでは、SNSを始めるにあたって、一番最初に感じる難題を、少しでも理解していただけるようにQ&A形式で解説していきます。

なお、回答は本誌で考える一例として掲載していますので、絶対的に正しい回答ではないかもしれないことをご了承の上、お読みいただければと思います。

Q 何をつぶやくべきか わからないんだけど?

**A 基本的にはなんでもOKです。
思いついたことで大丈夫!**

**深く考える必要はありません。
今の気持ちをつぶやけば
OKです!**

　基本的には「なんでもOK!」です。天気のことや今日のニュースのこと、身の回りに起こったこと……特に限定されるものではありません。ただ、自分の投稿を見る人(友だち)や、不特定多数の人が、その投稿を見たらどう思うか!?を、軽く頭の片隅に置いておけばいいでしょう。

　どのSNSでもそうですが、最初のうちは何を投稿すればいいのかわからないものです。いくつか投稿していくうちに少しずつわかっていくものなので、気長に、**あまり深く考えずに投稿していく**形がいいでしょ

う。「なんだか今日はやる気が出ない!」「とにかくラーメンが食べたい!」みたいな一言の投稿でOKです。

　ただまったく投稿に反応がないとつまらないので、友だちからコメントが欲しければ、友だちが反応しそうなキーワードを入れておいたり、不思議な写真が撮れたらその写真を投稿したり、なにか専門的な趣味を持っているならそのことを書いたりするのがいいと思います。周囲からの反応が得やすくなるでしょう。

　また、**流れていく投稿を見るだけで、自分からはまったく投稿しない**……そのスタイルでも特に問題はありませんので、あまり固く考えず気楽な感じで進めていくのがいいと思います。

> 気の利いたこと、
> 面白いことを
> 言えなくても
> 全然問題ないよ!

SNS Q&A

SNSをなにかひとつ最初に始めるとしたら何がいい?

A 自分の趣味や性格にあったSNSを選びましょう

アプリによっていろいろと傾向があります!

SNSを始める際、最初に選ぶプラットフォームは自分の個人的な興味や性格に合ったものが大切です。Facebookは友人や家族とのコミュニケーションを主にし、日常の出来事や写真の共有に適しています。一方、X(元Twitter)はリアルタイムの情報を手に入れるのに適し、考えや意見を短い文章で表現する場としても使われますが、知らないユーザーとのコミュニケーションも発生するので注意が必要です。Instagramは写真や動画を通じて自己表現する場で、視覚的な魅力があり、アートやファッション、料理、旅行などに興味がある人に向いています。TikTokは短い音楽やダンス動画の共有に適し、クリエイティブな表現を楽しむことができます。特に若い世代に人気で、アイデアを映像として発信する手段として用いられます。

初めてSNSを始める場合は、1つのプラットフォームからスタートし、徐々に他のプラットフォームも試してみることがおすすめです。自分の興味や目的に合った選択をすることで、楽しみながらSNSを活用できるでしょう。

最初のひとつには「X」がおすすめ!

ひとまず最初に始めるならXがおすすめです。携帯電話番号かメールアドレスさえあれば、本名を入力しなくてもすぐに始められます。

みんなどれぐらいの頻度で投稿しているの?

A プラットフォームによって異なります

適切な一例を紹介します!

SNSの投稿頻度は、プラットフォームや目的によって異なりますが、ここでは目安として紹介します。例えば、Xでは、思いついたことを気軽に投稿するスタイルが一般的で、文字数が短いため、一日に何回も投稿する人も多いです。そのため、一日に10回以上の投稿でも適切です。

一方、Facebookは一般的に日記のような要素が強く、長めの文章を投稿するのに適しています。1日に1〜2つぐらいの記事を投稿することが一般的です。投稿頻度が高くなりすぎると、ユーザーの反応が低下する傾向があります。

Instagramも同様に、投稿頻度が高くなりすぎるとユーザーの反応が減少することがあります。質の高い写真や動画を2〜3日に一度投稿するのが良いでしょう。このように、投稿頻度はプラットフォームごとに、**フォロワーの関心を保ちつつコンテンツを提供するバランスを見つけることが大切**ですが、あまりにこだわる必要はありませんので、気楽に投稿してみましょう。

各SNSの投稿頻度と投稿の内容の例

投稿の頻度などはあくまで目安です。基本は自由です。

	目安としての投稿頻度	投稿の内容
Facebook	1日に1回	日記風な文章
X	1日に1〜10回	チャットのような印象
Instagram	週に2〜3回	質の高い写真や動画
TikTok	週に2〜3回	個性的で質の高い動画

Q SNSってやらなきゃ いけないの?

A そんなことはありません。 ただ始めてみると楽しいかも!

いろいろと楽しいことが あるかも!

　SNSを始めると、友だちが増える、新しいトレンドに敏感になれる、スマホの最新機能を堪能できる……など、多くのメリットがあります。

　また、一般的なトレンドやニュースだけでなく、自分好みの専門的なジャンルに絞って、狭い範囲でアクティブに情報収集できることもSNSの大きな特徴でしょう。例えば、カメラ、登山、将棋、旅行、小説、オーディオ、カフェ、古着店、スポーツ観戦など、非常に細かい範囲で最新の深い情報を楽に入れることができます。**専門のジャンルのことを語っている人を少しずつフォロー**していけば、それを毎日眺めるだけでもマニアックな情報を入手できるでしょう。「自分からも投稿しなければいけない」と身構える必要はありません。気が向いたときに、そのとき思いついたことを語るだけで問題ありません。

デメリットもやはり 存在します!

　デメリットの方はというと、情報に振り回される、閲覧・書き込みに貴重な自分の時間をとられる……などが挙げられます。このあたりは、ある程度SNSを使ってみてから、考え直すことで解決できることが多いです。**毎日更新される投稿を全部見る必要はありません**し、電車の中だけ、とか仕事の合間にちょっとだけ見る、というような使い方をすれば、

1日に何時間もSNSに費やすことにはならないでしょう。

　それでも、いわゆる「SNS疲れ」と呼ばれる、「常に新しい書き込みをチェックしないといけない」「一部の投稿には、すぐにコメントをつけないといけない」という状態に陥ってしまうこともあります。親しい友だちの毎日の投稿に関してや、グループ内で語られる、展開の速いトークなどはついていくのが大変な場合もあります。そういう場合は、とにかく自分のメンタルを最優先して、アカウントを削除する、一時的にやめる、特定のユーザーをミュートする、などいろいろと対処法があります。

　まずは軽い気持ちで気になるSNSを始めてみて、状態を見てその後を考える……というやり方を本誌はおすすめしますが、やらなければダメということはまったくありませんので、気が乗らなかったらやめておくのもいいと思います。

始めてみないと楽しさもわからないし、ひとまず一度やってみることをおすすめ!

それだけでも充分に楽しめるからね!

自分では投稿せず見てるだけの人も結構多いよね!

Q Instagramは写真より動画が盛り上がっているの?

A フォロワーの数に関係なく世界中に拡散されるのが特徴!

縦動画の人気が凄く、動画の投稿が目立っている!

過去しばらくの間、Instagramでは写真が主流でしたが、TikTokが人気なこともあってここ最近の2〜3年間では、動画がますます主流となっています。動画は視覚的な情報をより豊かに伝える手段として幅広く利用されています。特に**短い縦動画（ショート動画）やストーリーズとして投稿される動画**は、テキストやエフェクトなどを付け加えることができるため、瞬時に注目を集め、視聴者に迫力のあるコンテンツを提供することができます。

さらに、Instagramの縦動画は、投稿内容に応じて「リール」タブから**自動的に世界中に広まる仕組み**があり、多くの反応を集めやすくなっています。自身のコンテンツを幅広い人々に広めたい場合には、ショート動画を投稿することをおすすめします。これによって、広範な視聴者にアピールするチャンスが広がることでしょう。

リール動画は
わかりやすくて面白い!

リール動画を見る
にはここをタップ!

Instagramのリール画面では、ユーザーの好みに応じた動画が世界中から集められ表示されるので、投稿すると反応が得やすいです。

Q LINEはSNSの要素が少ないと思うんだけど?

A LINE VOOMの登場でSNS的な要素も増え始めています

LINEアプリの機能にはSNS的側面もあります!

LINEは、その特徴からおもに連絡ツールとしての機能が強調されています。メッセージのやり取りや通話、ビデオ通話などを中心に、直接的なコミュニケーションを支える役割が大きいです。しかし、最近ではLINEアプリ自体も進化し、SNS的な要素も導入されています。

たとえば、**LINE VOOMという機能**は、登録している友だちだけでなく、**不特定多数のLINEユーザーに向けてショート動画を投稿したり共**有して楽しむSNS的な側面を持っています。また、多くのメンバーが参加するLINE内のグループなら、情報やコンテンツの共有、イベントの企画など、SNS的な使われ方をすることがあります。LINEがおもに連絡ツールであることに間違いはありませんが、SNS的な側面を取り入れていることも確かだと言えるでしょう。

LINE VOOMは
ほぼリール動画と同じ!

LINE VOOMは
ここで見られます!

LINE下部メニュー中央にある「VOOM」は、Instagramのリールと同じく、不特定多数のLINEユーザーと動画でコミュニケーションできます。

Q Threadsの楽しみ方がいまひとつ わからないんだけど…

A Instgramのフォロワーと 交流を深めたり、Xの代替にも!

実はいろいろと 細かい独自機能もある!

Threadsは、新たなSNSというよりも**Instagramの新機能的な側面**が強く、気になるInstagramのフォロワーと密接な会話や興味深いトピックの探求をしたいときに便利です。より直感的で親しみやすい方法でコンテンツを共有し、交流を深めることができるでしょう。Instagramがうまく利用できているユーザーにとっては特に便利です。

X(元Twitter)の代替手段として使うのもいいでしょう。ThreadsはXよりも長文や多くの画像・動画を一度に投稿でき、不快なコメントのリスクも低減されます。また、キーワード検索ができないため、知らないユーザーによるネガティブなアクションへの対処がしやすくなります。リリースされたばかりで機能は限られていましたが、徐々にアップデートが進み、PCのブラウザからも投稿が可能になるなど、利便性が向上しています。

左右にスワイプ

Threadsならではの 良さもある!

投稿した画像や動画は左右にスワイプして切り替えできるなど、閲覧機能はXより優れています。

Q ツイッターは「X」になって 何が変わったの?

A イーロン・マスクのほかの 事業との連携性が高くなる

普通に使う分にはあまり ツイッターと変わらない

2023年7月24日、Twitterは新たな名前「X(エックス)」に変更されました。しかし、基本的な機能に関しては大きな変更はありません。今後も以前と同様に、**無料でアカウントを作成し投稿したり、情報を閲覧することが可能**です。ただし、この変更に伴い、「ツイート」は「ポスト」に、そして「リツイート」は「リポスト」といったサービス内の用語が微調整されました。また、データの負荷を軽減するために、以前のTwitterにはなかったいくつかの制限が導入されました。これらの制限は、有料のオプションを選ぶことで緩和される仕組みとなっています。

しかしながら、「X」という名前は、電気自動車や宇宙開発といった幅広い分野で活動するイーロン・マスクのプロジェクトでも使用されているブランド名です。そのため、今後は他のマスクの事業との連携が一層深まることが予測されています。

「X」は総合的なイメージ!

「X」はイーロン・マスクのブランド名で、Appleのリンゴのロゴマークのようなものだと思えばいいでしょう。細かな変更点は100ページにまとめています。

 **フォローしてくれる人が
増えないんだけど**

A 気にしないで続けるのが
一番です!

最初のうちはなかなか
フォローされないもの!

FacebookやLINEならば、最初から友だちの人と交流する場合が多いので、あまり「フォロー」という意識をしなくても進めやすいですが、X（元Twitter）やInstagramなどは、始めて間もないうちはなかなかフォローされないものです。

基本的には、タレントや有名人でもない限り、最初からドカッとフォローされることはないので、**とにかくフォロワー数は気にしないことです。**続けていると、誰かの琴線に触れる言葉が自然と出たりするようになってフォロワ が増えたりすることもありますし、また全然増えずに反応がない感じだったら辞めてしまえばいいのです。

また、**フォロワーが増えてくると、それはそれで大変なことも生じます。**投稿をするたびに「これを書いたら、フォロワーからどう思われるか!?」そればかりが気になって、なかなか投稿できなくなり、「最初のころは何も気にせず投稿できて楽しかったなあ〜!」という思いが出てきたりもするのです。一番自由に投稿できるのは、フォロワーが少ない時期だけの特権かもしれないのです。

> ●●●のことを書いたら
> ○○○さんに悪い印象を与えるし
> かといって▲▲▲のことを書いたら
> ■■■さんが怒るかもしれないし……

> フォロワーが多い人って
> 大変だねえ。自由に投稿すれば
> いいのに!

 **フォロワーを増やす
テクニックってあるの?**

A ありますが、あまり
こだわらない方がいいです。

特定ジャンルの投稿を
続けるのが近道ではある!

上でも書いたように、フォロワーの数は気にしないのが一番ですが、とにかく近道があるなら知りたい!という人もいると思います。例としてX（元Twitter）の場合で考えると、**ある程度多めに投稿し、投稿に一貫性を持たせるのが有効でしょう。**

例えば1日に2〜3回以上は投稿し、その内容を上手く吟味していけばフォロワーは確実に増えていくでしょう。「内容の吟味」に関しては、一言でいうのは難しいですが、誰にでも響く言葉を紡ぎ出すのは大変難しいので、自分の好きな趣味のこと、好きなタレントやアーティストのこと、特定のスポーツのこと、自分の住んでいる地域のことなど、ひとつのカテゴリーを中心と決めて、基本的にはそのことについて投稿を続ける、というのは始めやすいと思います。そうすれば周囲から、**この人は●●に関しての専門家だ!**的な認識が得られ、フォローされやすい対象となるでしょう。ただ問題もあり、その形でフォロワーが増えると、特定のジャンル以外のことを投稿しづらくなってしまう……ということもあります。

あとは細かくなりますが、自分から積極的にフォローする、ほかの投稿に対していいね!やコメントを積極的につける、プロフィールの情報量を多く、魅力的なものにする、ハッシュタグを活用して自分の投稿を広く伝える……それらも有効です。

Q 日本のSNSの現状はどんな感じ?

 A 8,000万人以上の利用者がいて、さらに増え続けています

もっとも多く利用されているツールはLINE!

日本の総人口の中でSNSの利用者数は、急速なデジタル化の進展に伴い増加しています。2022年時点で、日本国内のSNS利用者は8,000万人以上に達しています。この数字は年々変動しており、社会のテクノロジーの進化とともにSNSの普及が進んでいることを示しています。特に、高齢者層においてもスマートフォンの普及が進み、SNSへの登録者数や利用数は今なお増加傾向にあります。

日本国内で最も多く利用されているSNSサービスはLINEです。その利用者数は9,200万人以上に上ります。LINEはその使いやすいインターフェースと幅広い機能が評価され、若年層から高齢者まで幅広い世代にわたって利用されています。

若年層は、Instagram や TikT okといった視覚的なコンテンツが主流のSNSを好む傾向が見られます。これらのプラットフォームは、写真や短い動画を中心にコミュニケーションを楽しむことができ、クリエイティブな表現が重要視されるため、若い世代に支持されています。

一方、**Facebook は比較的幅広い年齢層に利用されています**が、中高年以上の世代に人気があります。家族や友人とのつながりを大切にする人々に好まれ、長文の投稿や写真共有、イベント情報の共有などに向いています。なお、Facebookは世界で最も利用者の多いプラットフォームとして知られており、30億人以上の利用者がいます。海外のユーザーとやり取りしたい人に人気があります。

Xは、情報の迅速な共有や意見交換を求めるユーザーに広く利用されており、幅広い年齢層が利用しています。特にニュースやトレンドの追跡、公共的なディスカッションに適しているとされています。

各年齢層でのSNSの人気には差異がありますが、現在のSNS環境は常に変化しており、新たなプラットフォームやトレンドが次々に登場することが予想されます。SNSの普及は社会のコミュニケーションや情報の流れに大きな影響を及ぼしており、今後もその進化に注目が集まることでしょう。

> SNSは政治や社会においても大きな影響を持つまでになっている!

年齢階層別SNSの利用状況

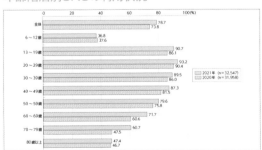

若い人はもちろんだが、60歳以上の層も利用者数はかなり増えている。

出典:総務省「通信利用動向調査」
https://www.soumu.go.jp/johotsusintokei/whitepaper/ja/r04/html/nf308000.html#d0308130
調査時期:令和3年9月

各SNSの利用率

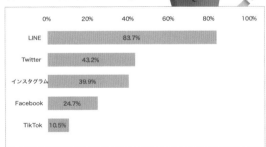

圧倒的な利用率の高さを示しているLINEを除くと、ほかのツールは利用者数が比較的近いようだ。

出典:モバイル社会研究所
https://www.moba-ken.jp/project/service/20230417.html
調査時期:2023年

Q SNSに疲れたら やめてもいいよね？

A 一時的に停止するか 完全に削除するか選ぼう

各アプリによって、 距離の置き方が少し違う

現代社会では、SNSは私たちの生活に欠かせない存在となっています。しかし、一方で政治的な騒動やフェイクニュース、ネガティブなコメントなど、疲れる要素も多く存在します。こうした状況に疲れた際には、**SNSの利用を一時停止することを検討してみましょう。**

アカウントを完全に削除することは一つの方法ですが、その過程でこれまでのデータや大切な人間関係も失ってしまう可能性があります。

例えば、Facebook や Instagram では、**アカウントを一時停止する「利用解除」**が提供されています。このモードを利用すれば、自分のプロフィールや投稿したコンテンツ、写真、メッセージなどを保持したまま、一時的にアカウントを休止させることができます。

自分の状況や環境に応じて、SNSの利用を停止するか、アカウントを削除するかを検討しましょう。大切なのは、自分自身のメンタルヘルスとバランスを保つことです。

「ミュート」「フォローをやめる」「ブロック」など相手と距離を取る機能などもたくさんあるよ！

でも本当につらくなったら遠慮なくやめても問題なし！

Q 投稿するときに気をつけた方が いいことってある？

A いくつかの重要なポイントに 注意して発言しましょう！

常識的に考えれば、 難しいことはありません！

SNSの利用時に心に留めておくべき大切なポイントがあります。まず、誰もが閲覧可能な状態であるため、**発言は慎重に行うことが求められます。**誤解や人を傷つける可能性があるため、注意深い配慮が必要です。また、投稿した内容は永遠に残る可能性もあるため、投稿前によく考えましょう。

他人の著作権や肖像権を尊重し、許可を得ないで写真や情報を投稿しないことも重要です。秘密

や機密情報を漏らさず、不適切な情報を発信しないよう気をつけましょう。また、フェイクニュースや未確認情報の拡散を避けましょう。

他人の投稿に対して、むやみに誹謗中傷やわいせつなコメントをしないよう心掛けることも大切です。自分が正しいと思っていても、相手にとっては嫌なものであったり、プラ

ットフォームによってはアカウント停止の対象となります。

投稿内容の確認は実際はそれほど大変じゃないから投稿ボタンを押す前に、さっと確認するといいよ！

Point
- 誰が閲覧しているか注意しましょう
- 許可なく個人情報（写真、住所、電話番号など）を書かないようにしましょう
- むやみに誹謗中傷やわいせつなコメントをしないようにしましょう

LINE

ライン

もう、メールでの
連絡は面倒すぎて
やってらんないね！

「LINE」は、メッセージのやりとりや、電話のような通話が無料で楽しめるサービスです。メッセージは一対一でのやりとりはもちろん、複数人とも行えます。チャット形式でリズミカルに話を進めていくことができるので、メールよりも効率的で、とても使いやすいでしょう。通話も難しいテクニックなどは特に必要なく、「これだけでいいの!?」というぐらいに簡単に無料で話せてしまいます。本章では、LINEのアカウントの作り方から、基本的な使い方、ちょっと上級のワザまで解説していきます。

交流したくない人は
悩まずに
ブロックしちゃえば
OK！

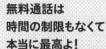

無料通話は
時間の制限もなくて
本当に最高よ！

LINEの画面はこんな感じ！

パソコンで使うLINEは
まるで別物だから
試した方がいいよ！

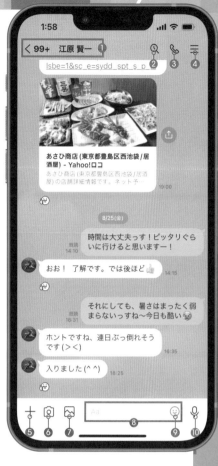

ホーム画面

❶ 設定……プロフィールやアカウント、プライバシー、トークの設定などを行います。
❷ 友達追加……友達を追加する際はここをタップして始めます。
❸ 検索……友達の名前や、メッセージ内容の検索を行います。
❹ プロフィール……自分の名前、プロフィールなどを表示します。
❺ グループ……タップすると招待されているグループや参加しているグループなどが表示されます。
❻ 友だち……タップすると友だちの一覧が表示されます。
❼ サービス……利用できるサービスの一覧が表示されます。表示する項目はカスタマイズできます。
❽ タブ……切り替えて、トークやLINE VOOM、ニュースなどを表示します。

トークルーム画面

❶ 戻る……トークのメイン画面に戻ります。
❷ トークの検索……キーワードを入力してトークの過去のやり取りから検索することができます。
❸ 通話……音声通話をするにはここをタップします。
❹ メニュー……トークルームのメニューを表示します。
❺ 添付メニュー……連絡先や位置情報などのデータを添付できます。
❻ カメラ……ここをタップして撮影ができます。
❼ 写真……写真を添付する際はここから。
❽ テキスト入力欄……テキストメッセージを入力します。
❾ スタンプ……スタンプや絵文字をここから送信できます。
❿ 音声入力……タップすると音声入力が可能になります。

スタンプを使う **35**ページ	公式アカウントってなに？ **47**ページ
スタンプを増やしたい **36**ページ	通知を友だちごとに変更したい **39**ページ
パソコンでもLINEを使える！ **46**ページ	ストーリーってどういうもの？ **49**ページ

LINE

LINEは友達や家族、グループでいろいろな連絡ができるツール！

Eメールよりも手軽にメッセージのやりとりができる！

「LINE」は登録した友達同士でメッセージをやり取りするアプリです。チャットのようにテキスト形式で素早くコミュニケーションができ、Eメールよりもテンポよくやり取りできるのが特徴です。スマホで撮影した写真や動画をメッセージに添付して送ることもできます。

LINEのメッセージは1対1のやり取りだけでなく、「グループ」を作成することで複数の人で同時に送信することもできます。家族会議やサークルのメンバーでミーティングをするときに「グループ」は便利です。

また、音声通話機能も搭載しています。Wi-Fi環境さえあればキャリアの電話と異なり、「○分○円」などのような通話料金はかかりません。友達や家族と通話料金を気にせずいつまでもダラダラと長電話したいときに便利です。

LINEとは何をするものなのか？

1 メッセージのやり取りを楽しむ

LINEのメイン機能で最も多くのユーザーが利用するのはメッセージです。メールと同じく個人間でのやり取りで、外部の人が閲覧することはありません。

2 音声通話でおしゃべりをする

LINEでは音声通話ができます。通話料は無料なので、家族や友人と長電話する人に向いています。ビデオ通話もできます。

3 ニュースやお得なセール情報を取得できる

ほかのアプリを立ち上げることなく、ニュースを読めます。また、企業や有名人を友だちに登録することで、割引クーポンやセール情報などをメッセージで受信できます。

4 グループでコミュニケーションを行う

LINEのメッセージは複数の人と同時にやり取りできます。家族会議や勤務先のミーティングでよく活用されます。

5 写真や動画を送信できる

スマホで撮影した写真や動画を相手に送信できます。イベントや旅行先の写真を撮影して友だちに送信するときに便利です。

6 ショート動画を楽しむ

LINE VOOMでは動画を楽しむだけでなく、自分で投稿したショート動画を不特定多数の人に発信することができます。

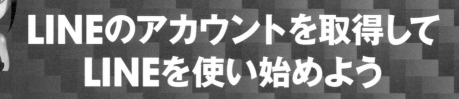

LINEのアカウントを取得して LINEを使い始めよう

アカウントの取得には携帯電話番号が必要になる!

LINEを利用するにはLINEアプリをインストールしたあと、LINEアカウントを取得する必要があります。LINEアカウントを取得するには携帯電話の番号が必要です。まずは、携帯電話番号が使えるスマートフォンを用意しましょう。

LINEのアカウントは端末1台につき1アカウントのみ設定できます。複数のアカウントを利用することはできません。もし、複数のアカウントを利用した

い場合は、アカウントの数だけ端末を用意する必要があります。1台のスマホで家族分のアカウントを用意して使い分けることはできない点に注意しましょう。

なお、LINEアプリはiPhoneの場合はApp Store、Androidスマホの場合はPlayストアからダウンロードできます。ダウンロード後、LINEを起動すると初期設定画面が表示されます。

LINEアカウントを取得しよう

1 LINEアプリを起動する

LINEアプリを初めて起動するとこのような画面が表示されます。「新規登録」をタップします。

2 電話の発信の管理を許可する

電話番号認証を行うかどうかの確認画面が表示されます。「次へ」をタップします。続いてLINEに電話の発信と管理を許可するか聞かれるので「許可」をタップします。

3 電話番号を入力する

国籍は「日本」を選択し、スマホで利用している電話番号を入力します。設定したら「→」をタップします。

4 認証番号を登録する

登録した電話番号に認証番号をSMSで送信されるので入力します（通常自動入力されます）。続いて「アカウントを新規作成」をタップします。

5 名前とパスワードを入力する

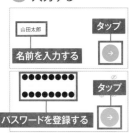

LINE上に表示させる名前を入力します。続いてログイン用のパスワードを設定しましょう。

6 友だち自動追加の設定をする

友だち追加設定です。有効にするとスマホの連絡先アプリ内の友だちを自動的にLINEの友だちに追加します。オンでもオフでもかまいません。

7 年齢確認画面をスキップする

年齢確認画面が表示されます。年齢確認が可能なキャリアを使用しているユーザーは年齢確認しておくといいでしょう。それ以外のユーザーは「あとで」をタップしましょう。

8 アカウントの作成が完了

山田次郎

LINEのアカウントが作成されホーム画面が表示されます。

複数の端末で同じ
LINEアカウントを使うには？

スマホと同じアカウントをタブレットやPCでも使う

LINEでは基本、1つの端末（電話番号）に対して1つのアカウントだけ作成可能になっています。そのため、他のスマホに既存のLINEアカウントでログインしようとすると元の端末のLINEアカウントが使えなくなってしまいます。

ただし、特定の端末に限り、同じLINEアカウントでログインして同時利用することができます。1つはiPadです。iPad版LINEアプリでは既存のLINEアカウントでそのままログインして利用できます。iPhoneユーザー、Androidユーザーどちらにも対応しています。なお、ログイン方法は電話番号のほか、QRコードよる認証など複数用意されています。

スマホのLINEアカウントをiPadでも利用してみよう

1 スマホ側で設定する

iPadで利用できるようにまずスマホ側で設定する必要があります。ホーム画面右上の設定ボタンをタップして「アカウント」をタップします。

2 ログインできるようにする

ログイン許可を有効にしておきましょう。

3 iPad版アプリをダウンロードする

iPadのApp StoreからLINEアプリを検索してダウンロードしましょう。

4 iPad版LINEにログインする

iPadアプリを起動します。ログイン画面が表示されます。携帯電話で利用している電話番号を入力して「スマートフォンを使ってログイン」をタップします。

5 「暗証番号を確認する」をタップ

iPadの画面にスマートフォンとの連携手順画面が表示されます。「暗証番号を確認する」をタップしましょう。

6 スマホ側の設定画面を開く

スマホ側のLINEの設定画面の「アカウント」から「他の端末と連携」をタップし、iPadに表示されたコードを入力しましょう。

7 iPadでログイン

このようにiPad版LINEでログインできました。

PC上でもスマホのLINEアカウントを利用できるよ。詳細は46ページ参照！

友だちのLINE上で自分の名前はどう表示される？

基本的には、自分で設定した名前で表示されるが……

LINEで友だちを追加すると、友だちリストに相手の名前が表示されます。アカウント登録時に「友だちへの追加を許可」を有効にしている場合、友だちを自動追加すると、アドレス帳に記載している名前がそのまま反映されます。

しかし、「友だちへの追加を許可」をオフにしてアカウント登録をして、手動で友だちを追加した場合は、相手が自分で設定しているLINE名が表示されます。相手がニックネームなどを使っていて誰なのかわかりづらい場合は、一目でわかる名前に変更しておくといいでしょう。LINEでは表示される友だちの名前を自由に変更することができます。変更した名称は、相手に通知されることはなく、相手の画面にも影響を与えないので安心しましょう。

LINE上の名前の見え方

自分の端末

自分の端末のLINE。自分のアカウント名は、アカウント登録時やあとで自分で変更した際に付けた名称が表示されます。

友だちの端末

標準では友だちの端末には、自分で付けた名称がそのまま表示されます。

相手の名称を自分がわかりやすいものに変更する

1 編集ボタンをタップする

相手の名称を変更したい場合は、プロフィール画面を開いて名前横にある編集ボタンをタップします。

2 分かりやすい名前に変更する

名称変更画面が表示されるので、好きな名称を設定しましょう。

3 名称が変更される

名称が変更されました。この名称は自分の端末上のみで表示され、相手の端末側には影響を与えないので安心しましょう。

相手の名称を元の名称に戻したい場合は、「表示名の変更」画面で「友だちが設定した名前」をタップ

QRコードを使って友だちを追加する

年齢認証（下段囲み参照）作業などが行えずID検索による友だち追加ができない場合は、QRコードを使いましょう。LINEで作成したアカウントにはそれぞれ独自のQRコードが割り当てられています。このQRコードをほかのユーザーが読み取ることで友だち登録することができます。QRコードをSMSやメールなどで相手に送付しましょう。その場にいる人に読み取って追加してもらうほか、遠隔地のユーザーに送信することもできます。

1 友だち追加アイコンをタップ

自分のQRコードを表示するには、ホーム画面から友だち追加ボタンをタップします。

2 QRコードをタップ

友だち追加画面が表示されます。メニューから「QRコード」を選択します。

3 「マイQRコード」をタップ

相手のQRコードを読み取る場合は読み取り部にQRコードをかざします。自分のQRコードを表示するには「マイQRコード」をタップします。

4 マイQRコードを表示する

「マイQRコード」をタップするとQRコードが表示されます。このQRコードを他人に読み取ってもらえば友だちを追加できます。

ID検索で友だちを登録する

友だちがすでにLINEを使用していてIDも取得している場合は、ID検索で友だちを追加することができます。メニューの「友だち追加」画面から「検索」を選択しましょう。その後表示される画面で「ID」にチェックを入れ、教えてもらったIDを入力します。検索結果画面から該当するアカウントを探して選択すれば完了です。なお、この画面では電話番号を入力して、電話番号から相手を探して追加することもできます。

1 友だち追加画面で「検索」を選択する

ホーム画面から友だち追加ボタンをタップして友だち追加画面を表示して、「検索」をタップします。

2 IDを入力して検索する

ID検索を行う場合は、IDにチェックを入れて相手に教えてもらったIDを入力して検索ボタンをタップします。

3 電話番号で検索する

電話番号で検索する場合は、「電話番号」にチェックを入れて相手の電話番号を入力して検索ボタンをタップしましょう。

年齢認証を行う必要がある

LINEのID検索や電話番号検索をするには、事前に年齢認証を行う必要があり、年齢認証を行うには大手キャリアや対応している格安SIM業者などを利用する必要があります（ほかの格安SIMでは利用できない場合があります）。

LINEを使っていない友だちを招待することができる

追加したい友だちがまだLINEを使用しておらず、LINEに参加して欲しい場合は「招待」を使って招待状を送りましょう。招待状は友だち追加画面の「招待」から送ることができます。

招待方法はSMS（ショートメッセージ）かメールアドレスの2つがあります。電話番号を知っている場合は「SMS」を選択しましょう。電話番号は知らないがメールアドレスを知っている場合は「メールアドレス」を選択して招待状を送信しましょう。

相手が招待状内に記載されているリンクからLINEのアカウント作成を行えば、友だちに追加することができます。もし、招待状を送信しても友だちリストに追加されない場合は、相手側がLINEを使っていない場合があります。相手にLINEを使っているかどうかたずねてみるといいでしょう。

1 友だち追加ボタンをタップする

招待状を送信するには、ホーム画面から右上の友だち追加ボタンをタップします。

2 「招待」をタップする

友だち追加画面が表示されます。メニューから「招待」をタップします。

3 招待方法を選択する

招待方法選択画面が表示されます。電話番号を知っているなら「SMS」、メールアドレスを知っているなら「メールアドレス」を選択しましょう。

4 SMSで招待状を送る

SMSを選択すると端末内のアドレス帳から電話番号が登録されたアドレスが読み込まれます。招待したい相手にチェックを入れて「招待」をタップしましょう。

5 アプリを選択する

SMSを送信するメッセージアプリを選択しましょう。メッセージ作成画面が表示されたらメッセージを送信しましょう。

6 メールアドレスで送信する

招待方法で「メールアドレス」を選択するとアドレス帳からメールアドレスが登録されたアドレスが読み込まれます。「招待」をタップします。

7 メールアプリを選択して送信する

共有画面が起動します。Gmailなど端末にインストールされているメールアプリを選択して、招待状メールを送信しましょう。

相手がLINEをインストールしている場合は追加画面、LINEを使っていない場合はLINEのインストール画面が表示される！

プロフィールの写真を好きなものに変更するには?

　LINE登録時はプロフィールに写真が設定されていません。自分の好きな写真を設定しましょう。写真を設定すると相手のLINEにも同じ写真が表示されるようになります。

アイコンをタップしてプロフィール画面に移動し、もう一度アイコンをタップし、「編集」をタップ。

プロフィールに利用する写真を選択すると登録されます。「次へ」をタップすれば登録完了となります。

友だちが増えたらトークを並べ替えて使いやすくしよう

　重要なメッセージを見逃さないようにするには、余計な通知をオフにするほかにトークの並べ方をカスタマイズする方法があります。LINEでは「受信時間」「未読メッセージ」「お気に入り」の3つの項目でトークを並べ替えることができます。

トーク画面上部の「トーク」をタップして、並べ替える基準を選択しましょう。

指定した基準で並び替えてくれます。

「知り合いかも?」は友だちなの?

　友だちリストには追加した友だち以外に「知り合いかも?」という表示がよく現れます。これは自分は相手を友だちに追加していないけれど、相手は自分を友だちに追加している状態のことを意味します。知り合いで連絡を取る友だちならば追加しましょう。

友だちリストには「知り合いかも?」という項目があります。タップすると自分を登録している相手が一覧表示されます。

連絡を取り合う場合は「追加」をタップしましょう。見知らぬ不審人物の場合は「ブロック」か「通報」をタップしましょう。

よく連絡する人はお気に入りに登録する

　LINEで頻繁にやり取りを行うユーザーはお気に入りに登録しておきましょう。友だちリスト最上部にある「お気に入り」に表示され、LINE起動後、素早くメッセージや通話が行えます。LINEの友だちリストが増えすぎて毎回相手の名前を探す必要がなくなります。

登録したい相手のプロフィールを表示したら、右上の星アイコンをタップして緑色にします。

ホーム画面に「お気に入り」という項目が追加され、登録したユーザーワールが表示されます。

友だちの「自動追加機能」は有効にすべきかどうか?

LINEのアカウント登録時や友だち追加画面には「友だち自動追加」という項目があります。この機能を「オン」にするとスマホのアドレス帳に登録している人の電話番号やメールアドレスをLINEに送信し、LINE上に該当する人がいる場合は、自動的に自分の友だちに追加してくれます。なお、自動追加した場合、相手の端末上には「知り合いかも?」に自身の名前が表示されます。相手の友だちリストには「友だち」として追加されてはいません。

1 友だち追加画面に移動する

友だち自動追加設定を変更するには、ホーム画面を開き、右上の友だち追加ボタンをタップします。

2 「友だち自動追加」をタップ

友だち追加画面の「友だち自動追加」を「許可する」をタップすると自動で追加されます。

3 友だち自動追加の設定を変更する

オフにする場合は左上の設定ボタンをタップし「友だち自動追加」をオフにしましょう。

アドレス帳に登録している人にLINEを使っていることを知られたくない場合はオフにしよう!

知らないユーザーから急にメッセージが届いたら?

LINEを利用していると知らないユーザーから突然メッセージが送られてくることがあります。LINEでは友だちに追加していないメンバーでもアカウント情報を知っていればメッセージが受信できるため、迷惑メッセージが届いてしまうのです。このようなメッセージは無視してもよいですが、何度もメッセージが来るなど通知が煩わしくもなりますので「ブロック」しましょう。相手からメッセージが来ても受信しなくなります。

1 ブロックしたい相手を選択する

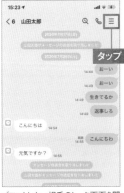

ブロックしたい相手のトーク画面を開き、右のメニューをタップします。

2 「ブロック」を選択する

「ブロック」を選択する

メニューが開くので「ブロック」を選択しましょう。これで、相手からのメッセージは届かなくなります。

3 「ブロック」を解除する

「ブロック解除」をタップ

ブロックを解除してメッセージを受け取るようにしたい場合は、メニューで「ブロック解除」をタップしましょう。

悪質な相手は通報しよう!

悪質な業者のスパムメッセージは通報しましょう。プロフィール画面で「通報」を選択して、送信すればLINE上から相手のアカウントが消えることがあります。

LINE

友だちにメッセージを送ってみよう

ホーム画面やトーク画面からメッセージを送信する

　友だちを登録したらまずはメッセージを送ってみましょう。たとえ相手が友だちリストに自分を登録していなくてもメッセージだけなら、相手からブロックされない限りこちらから一方的に送信することができます。

　LINEではメッセージ送信機能を「トーク」と呼びます。メッセージを送信するには、ホーム画面に表示されている友だちの名前をタップし、表示され

るプロフィール画面から「トーク」を選択しましょう。「トーク」画面が表示されたら、画面下部にある入力フォームにテキストを入力して送信ボタンをタップします。相手がメッセージを読んだ場合はメッセージ横に「既読」と表示されます。テキストのほかに写真やスタンプ、位置情報、音声メッセージなども送信できます。なお、一度やり取りしたメッセージ履歴は下部メニューの「トーク」から確認できます。

友だちにメッセージを送信しよう

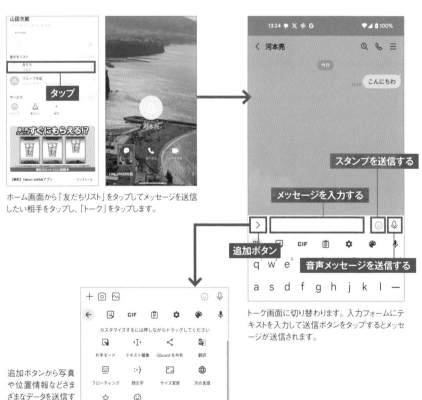

ホーム画面から「友だちリスト」をタップしてメッセージを送信したい相手をタップし、「トーク」をタップします。

タップ

スタンプを送信する

メッセージを入力する

追加ボタン

音声メッセージを送信する

トーク画面に切り替わります。入力フォームにテキストを入力して送信ボタンをタップするとメッセージが送信されます。

追加ボタンから写真や位置情報などさまざまなデータを送信することができます。

やり取りしたメッセージを確認するには、「トーク」メニューで対象の相手を選択しましょう。

メッセージを
転送したい

　LINEで送受信したメッセージをほかの友だちに転送したい場合は、転送機能を利用しましょう。「トーク」画面で対象のメッセージを長押しして表示されるメニューから「転送」を選択します。続いて転送したい相手を選択しましょう。

転送したいメッセージを長押しし、「転送」をタップします。

下の「転送」をタップ。続いて表示される画面で転送相手を選択します。

送信した
メッセージを
削除するには?

　「トーク」で送信したメッセージは24時間以内であれば「送信取消」をタップすれば取り消すことができます。既読が付いていても取り消すことができます。ただし、相手のウインドウには「○○さんがメッセージの送信を取り消しました」など取消行為をした痕跡は残ります。

取消したいメッセージを長押しして「送信取消」をタップ。

相手の端末にはこのように「○○さんがメッセージの送信を取り消しました」と表示されます。

メッセージの
誤送信を
防ぎたい

　LINEでは改行キーが送信ボタンにもなっているので、書いている途中改行しようとして誤って送信してしまうことがあります。改行キーによる誤送信をオフにしたい場合は、「設定」画面の「トーク」を開き「Enterキーで送信」をオフにしておきましょう。

ホーム画面から設定画面を開き、「トーク」をタップします。

「Enterキーで送信」のスイッチをオフにしましょう。

複数人トークで
特定の
メッセージに返信する

　複数人トークをしていると、誰のどのメッセージに対してレスポンスをしているのかわからなくなるときがあります。そんなときはリプライ機能を利用しましょう。送信したメッセージ上に元のメッセージも表示されるので、どのメッセージに対する返信なのかわかりやすくなります。

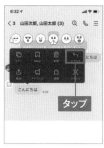

返信したいメッセージを長押しし、「リプライ」をタップします。

返信メッセージと元のメッセージが一緒に表示されます。

LINE

特定の人を除いて「友だち自動追加」をするには？

友だち自動追加はアドレス帳に登録している人をまとめて追加でき便利ですが、仕事関係など勝手に追加したくない場合もあります。そんなときは、アドレス帳アプリで自動登録したくないユーザーの名前に半角の「#」を付けることで自動追加の対象から除外できます。

iPhoneの場合「連絡先」アプリを開き、LINEに追加したくないユーザーを表示し、「編集」をタップします。

名字の前に「#」を付けて「完了」をタップします。このユーザーは除外されます。

自分がブロックした人を確認したい

ブロックしたのか忘れてしまったときは、対象相手のトーク画面を開きます。左下に「ブロック中」と記載してあればブロックしています。これまでブロックしたメンバーをまとめて確認したい場合は「ブロックリスト」から確認しましょう。

自分が相手をブロックしている場合、トーク画面左下に「ブロック中」と表示されます。

設定画面の「友だち」から「ブロックリスト」を選択すると、これまでブロックしたメンバーが一覧表示されます。

トークルームの背景を変更したい

トークルームの背景は標準では空模様のシンプルなデザインのものが設定されていますが、変更することができます。あらかじめLINE側が用意している壁紙を設定するほか、端末に保存されている写真やカメラ撮影した写真を設定することもできます。

トークルーム画面で右上の設定ボタンをタップし「その他」→「背景デザイン」を選択します。

適用したい壁紙を選択して、「適用」をタップすると適用されます。

余計なメッセージを削除して見やすく！

トークルームをあとで読み返しやすくするには余計なメッセージを削除しましょう。メッセージを長押しして表示されるメニューから「削除」をタップするとそのメッセージを削除できます。ただし、相手のトーク画面上にはメッセージは残ったままになります。

削除したいメッセージを長押しし、「削除」をタップします。

削除したいメッセージにチェックを入れ、右下の「削除」をタップしましょう。

LINE独自の絵文字を使ってみよう!

LINEではテキストメッセージだけでなく、絵文字を送信することができます。スマホのキーボードに用意されている絵文字を選択するのもよいですが、LINEで用意されているLINEにちなんだキャラクターの絵文字を使ってみるのもよいでしょう。利用するにはテキスト入力フォームの右側にある顔文字をタップすると利用できる顔文字が表示されます。またテキスト入力ボックスに文字を入力するたびに利用できる顔文字が候補表示されます。

1 入力ボックスから選択する

入力ボックスにテキストを入力するたびに、絵文字の候補が表示されます。

2 LINE専用の顔文字を利用する

テキスト入力フォーム横にある顔をタップするとLINE専用の顔文字が利用できます。下部メニューの顔文字メニューから好きなものを選択します。

3 長押しメニューも利用できる

送信した絵文字を長押しするとメッセージ同様にメニューが表示され、「送信取消」「削除」「リプライ」などの操作ができます。

4 よく使う顔文字はここから

下部の顔文字メニューの左から2番目のタブでは過去に使った顔文字が表示されます。よく使う顔文字はここから選択しましょう。

写真をアップロードしよう。レタッチもできる!

LINEではスマホに保存している写真や、スマホのカメラを使ってその場で撮影した写真を送信できます。イベントや旅行の写真を共有したいときに便利です。写真は一度に最大50枚まで送信することができます(ただしアップロードに時間がかかります)。また、編集メニューを利用してさまざまなレタッチができます。人の顔を隠したいときはスタンプを貼り付けたり、トリミングで写真から必要な部分だけを切り抜くなど機能は豊富です。

1 写真アイコンをタップする

写真を送信するにはテキスト入力フォームの左側にある矢印をタップし、アイコン表示が変わったら写真アイコンをタップします。

2 アップしたい写真を選択する

送信したい写真にチェックを付けていきましょう。写真をレタッチする場合は写真をタップします。

3 写真をレタッチする

レタッチ画面が表示されます。上部にあるさまざまなレタッチツールで写真をレタッチしましょう。レタッチ後、右下にある「送信」ボタンをタップします。

4 写真がLINE上に送信された

トーク画面に写真が送信されます。写真もメッセージや顔文字同様に長押しすると表示されるメニューからさまざまな操作ができます。

LINE

動画をアップロードしよう。編集も可能だ!

LINEではスマホで撮影した動画も送信できます。保存している動画だけでなく、その場で撮影したムービーも送信できます。ただし、送信する動画には5分の時間制限があります。そのまま登録すると自動的に最初の5分間にトリミングされてしまいます。事前にほかのアプリでトリミングして5分に収まるようにしましょう。

なお、画像を送信するときと同じく、動画も送信する際にレタッチが可能です。

1 アイコンをクリックする

保存している動画を送信する場合は右側の写真アイコン、撮影して送信する場合左側のカメラアイコンをタップ。

2 アップする動画を選択する

写真アイコンを選択した場合、写真選択画面が表示されます。送信したい動画を選択します。レタッチする場合はタップします。

3 動画をレタッチする

レタッチ画面では画面右側にあるメニューを使って動画をレタッチできます。ここではトリミングをするのでハサミアイコンをタップします。

4 5分に収まるようにトリミングする

トリミング画面が表示されます。左右をつまんで送信する部分を範囲指定しましょう。

現在の位置情報を友だちに伝えよう

友だちと待ち合わせをしているときに便利なのがLINEの位置情報送信機能です。GPS機能を利用して現在自分のいる場所の情報を送信できます。テキスト入力フォーム左端にある追加ボタンをタップして表示されるメニューから「位置情報」を選択しましょう。送信された位置情報をタップするとGoogleマップで赤い旗のアイコンで詳細な位置情報を教えてくれます。スマホのGPS機能を有効にしておく必要があります。

1 追加ボタンをタップ

位置情報を送信するにはテキスト入力フォーム左端にある追加ボタンをタップします。

2 「位置情報」を選択する

メニュー画面から「位置情報」を選択しよう。

3 位置情報を送信する

現在の位置情報が赤い旗のアイコンで表示されます。正しければ「この位置を送信」をタップしましょう。

手動で位置情報を指定するには?

位置情報が正しく表示されない場合は、手動で住所や建物情報を入力して表示する方法もあります。マップ下の検索フォームに住所情報を入力しましょう。

スタンプってどんなもの？絵文字との違いは？

絵文字や顔文字よりもグンとトーク画面が華やかに！

LINEで送信できるコンテンツの中で特に人気が高いのが「スタンプ」と呼ばれるものです。スタンプとは顔文字や絵文字とよく似たLINE専用のイラストコンテンツです。言葉にしづらいニュアンスを表情豊かなイラスト形式で伝えたり、画面を華やかに彩りたいときにも便利です。

スタンプは標準で無料で使えるものがいくつか用意されており、「マイスタンプ」からダウンロードすることで利用することができます。設定画面の「スタンプ」→「マイスタンプ」からマイスタンプにアクセスできます。

ダウンロードしたスタンプを送信するにはテキスト入力フォーム右側にある顔文字アイコンをタップし、好きなスタンプもしくは絵文字を選択します。

スタンプでトーク画面を彩ろう

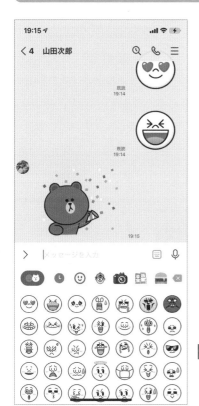

スタンプを使うとこのようにトーク画面上にかなり大きなイラストが表示されます。絵文字や顔文字よりもインパクトがあります。

1 「スタンプ」をタップする

ホーム画面から設定ボタンをタップし、設定画面を開いたら「スタンプ」をタップします。

2 「マイスタンプ」をタップする

「マイスタンプ」を選択する

スタンプ画面から「マイスタンプ」を選択します。

3 ダウンロードボタンをタップ

ダウンロードボタンをタップ

マイスタンプ画面。標準では7つのスタンプを無料でダウンロードできます。ダウンロードボタンをタップしましょう。

4 スマイルアイコンをタップする

スタンプの種類を選択する

入力フォームの右にあるスマイルアイコンをタップします。スタンプ・絵文字画面が表示されるので、利用するスタンプの種類を選択しましょう。

5 スタンプを送信する

タップして送信

送信したいスタンプをタップするとトーク画面にスタンプが貼り付けられます。

左右上下にフリックするとスタンプの種類を素早く切り替えられるよ！

LINE

使えるスタンプをもっと増やそう!

　スタンプは標準で用意されているもののほかにもたくさんあります。物足りない人は「スタンプショップ」にアクセスしてさまざまなスタンプをダウンロードしましょう。ホーム画面の「スタンプショップ」からアクセスできます。

　スタンプショップではLINEで送信可能な有料・無料のスタンプが多数用意されており、ダウンロード（購入）することができます。「人気」「新着」「無料」などカテゴリごとにスタンプが分類されており、また検索フォームからキーワードで目的のスタンプを探すことができます。ダウンロードしたスタンプはトーク画面のスタンプ画面から利用することができます。

　無料スタンプのみを探すなら「無料」をチェックしましょう。ここでは、企業の公式アカウントを友だちとして追加したり、一定の条件を満たすことで、利用できる期間は限られていますが無料でダウンロードできるスタンプが多数あります。

1 スタンプショップにアクセスする

②「スタンプ」をタップ

①「ホーム」をタップ

スタンプショップにアクセスするには、ホーム画面をタップし、「スタンプ」を選択します。

2 スタンプショップが開く

スタンプショップが開きます。ホーム画面では自分へのおすすめスタンプや新着スタンプ、人気スタンプなどが一覧表示されます。

3 無料のスタンプを探す

「無料」をタップ

無料のスタンプをダウンロードするには「無料」をタップしましょう。ここでは友だち追加をするだけでダウンロードできる無料スタンプがあります。

4 「追加」をタップして友だち登録

サメにゃん × 高島屋オンラインストア

「友だち追加して無料ダウンロード」をタップ

気になる企業の無料スタンプを見つけたらタップします。プロフィール画面が表示されるので「友だち追加して無料ダウンロード」をタップします。

スタンプをプレゼントする

スタンプはほかの人にプレゼント購入することができます。プレゼントしたいスタンプを選んだら「プレゼントする」をタップしましょう。

タップ

5 スタンプをダウンロードする

サメにゃん × 高島屋オンラインストア

友だち追加が完了すると自動的にスタンプがダウンロードされます。条件を満たしたあとダウンロードされることもあります。

6 ダウンロードしたスタンプを使う

スタンプタブにする

タップ

トーク画面を開きスタンプ画面を開きましょう。スタンプタブに切り替えると新しいスタンプが追加されます。

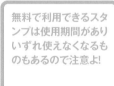
無料で利用できるスタンプは使用期間がありいずれ使えなくなるものもあるので注意よ!

通知の際にホーム画面にメッセージを表示させない（iPhone）

LINEでは標準設定だとメッセージを受信するたびにメッセージ内容がロック画面にプッシュ通知されます。いち早く確認でき便利ですが、第三者に盗み見されてしまう危険性があります。

盗み見をさけるにはLINEの設定画面から「通知」を開き、「メッセージ通知の内容表示」をオフにしましょう。この設定ならばプッシュ通知時に「新着メッセージがあります」と表示され、具体的な内容は表示されません。

1 標準だとメッセージが表示される

LINE標準設定だとこのようにロック画面にメッセージ内容が表示されてしまい、第三者に内容を見られてしまう可能性があります。

2 設定画面から通知設定へ

「通知」をタップ

表示させないようにするにはホーム画面から設定ボタンをタップして設定画面を開き、「通知」をタップします。

3 メッセージ通知内容を非表示にする

オフにする

「メッセージ内容を表示」をオフにしましょう。

4 メッセージ内容が非表示になる

このように新着メッセージを受信した際には「新着メッセージがあります。」とだけ表示されるようになります。

通知の際にホーム画面にメッセージを表示させない（Android）

iPhoneと同じくAndroid端末でもLINEでメッセージを受信すると、標準ではロック画面に内容が表示されてしまいます。住所や電話番号などが記載されたメッセージ内容だと個人情報が漏洩してしまう危険性があります。

内容を非表示にするにはiPhoneと同じく、LINEの設定画面から「通知」を開き、「メッセージ内容を表示」をオフにしましょう。

1 標準だとメッセージ内容が表示される

LINE標準設定だとこのようにロック画面にメッセージ内容が表示されてしまい、第三者に内容を見られてしまう可能性があります。

2 設定画面から通知設定へ

「通知」をタップ

表示させないようにするにはホーム画面から設定ボタンをタップして設定画面を開き、「通知」をタップします。

3 メッセージ通知内容を非表示にする

オフにする

「メッセージ内容を表示」をオフにしましょう。

4 メッセージ内容が非表示になる

このように新着メッセージを受信した際には「新着メッセージがあります。」とだけ表示されるようになります。

LINE

複数の写真をアップするなら「アルバム」を使おう

トークルームで複数の写真をまとめて相手に送信する場合は「アルバム」機能を利用しましょう。スマホ内の写真を複数選択し、1つのアルバムにまとめてトークルームに送信できます。アルバムには好きな名前を付けることができ、アルバム作成後に写真を追加することもできます。また、トークルームメニューから作成したアルバムにアクセスできるため、トークルーム上にバラバラに写真が散逸してしまうこともありません。

1 トークルームメニューを表示する

アルバムを作成したいトークルームを開き、右上のメニューボタンをタップして「アルバム作成」をタップします。

2 アルバムに入れる写真を選択する

チェックを付ける

「次へ」をタップ

アルバム作成ボタンをタップすると端末内の写真が表示されるので、アルバムに保存する写真にチェックを入れて、「次へ」をタップします。

3 アルバム名を付けて「作成」をタップ

② 「作成」をタップ

東京都現代美術館

① アルバム名を付ける

保存する写真にチェックを入れたらアルバム名を付けて「作成」をタップしましょう。

4 アルバムが作成される

タップ

選択した写真を1つのメッセージにまとめて送信できます。作成したアルバムはトークルームメニューの「アルバム」から素早くアクセスできます。

通知やバイブレーションを変更する（iPhone）

LINEでメッセージを受信したときの通知音を変更するには、LINEの設定画面の「通知」→「通知サウンド」で行えます。用意されているサウンドをタップすると再生して確認できます。なお、バイブレーションのオン、オフ設定は「通知」→「アプリ内バイブレーション」で切り替えることができます。

タップ

チェックを付ける

LINEの設定画面から「通知」→「通知サウンド」と進み、使用するサウンドにチェックを付けましょう。

オフにする

バイブレーションをオフにするには「通知」→「アプリ内のバイブレーション」をオフにしましょう。

通知やバイブレーションを変更する（Android）

AndroidのLINEでメッセージを受信したときの通知音の変更は、LINEの設定画面の「通知」→「メッセージ通知」で行えます。用意されているサウンドをタップすると再生して確認できます。なお、バイブレーションのオン、オフ設定も「メッセージ通知」画面で切り替えることができます。

タップ

LINEの設定画面から「通知」→「メッセージ通知」と進み、「音」から使用するサウンドにチェックを付けましょう。

オフにする

バイブレーションをオフにするには「メッセージ通知」画面でオフにしましょう。

友だちやグループごとに通知を変更したい

頻繁にメッセージが送られてくるようになると通知が多くなり、重要な知り合いからのメッセージを見逃しがちです。余計な通知をオフにしましょう。LINEではトークルーム別に通知をオフにすることができます。すぐにメッセージを確認しなくてもよい相手の通知はオフにしましょう。通知をオフにしても相手に知られることはありません。

1 メニューボタンをタップ

特定のトークルームの通知をオフにするにはトークルームを開いて、右上のメニューボタンをタップします。

2 通知をオフにする

メニュー画面が表示されます。「通知オフ」をタップしましょう。

3 通知がオフの状態

通知がオフになるとサイレントマークになります。もう一度タップすると通知がオンになります。

一時的にLINEの通知をオフにしたい

ミーティングや就寝中など一時的にLINEの通知をオフにしたい場合は、LINEの「設定」画面から「通知」メニューを開き「一時停止」機能を利用しましょう。

頻繁に届くLINEの通知を減らしたい

LINEで新着メッセージ受信を知らせる以外にも、タイムラインへのコメント、自分へのメンション、LINE Payなどさまざまな通知が届きます。友だちからのメッセージのみ通知にするなど通知設定をカスタマイズしたい場合は設定画面の「通知」でカスタマイズしましょう。ここでは通知項目のオン・オフを個別に設定できます。初期状態ではすべてオンになっているので、不要なものはオフにしていきましょう。

1 「通知」設定を開く

ホーム画面から設定を開き「通知」を開きます。ここで、通知が不要な項目をオフにしましょう。

2 連動アプリの通知をオフにする

LINE以外からのさまざまな通知をオフにする場合は「連動アプリ」をタップし、各種サービスをタップします。

3 不要な通知をオフにする

「メッセージ受信」や「メッセージ通知」のスイッチをオフにしましょう。

iPhoneユーザーは「設定」アプリの「通知」画面でも通知設定をカスタマイズできる。

LINEのアカウントを新しいスマホに引き継ぎたい

メールアドレスの登録を必ずしておこう

新しいスマホに買い替えた際、これまで使っていたLINEのアカウントは新しいスマホでも引き継いで利用することができます。ただし、引き継ぎ前には事前準備が必要です。

まず、引き継ぐ前のスマホで「メールアドレス」「パスワード」「電話番号」の登録内容を確認します。電話番号による引き継ぎをする場合、ログインパスワードを入力する必要があります。もしログインパスワードを忘れてしまった場合は、登録しているメールアドレスにパスワードの再設定メールが送られてきます。3つの情報の確認と設定が終わったら、「設定」画面に戻り「アカウント引き継ぎ」を開き、「アカウントを引き継ぐ」を有効にします。この設定を有効にしてから36時間以内に新しいスマホで引き継ぎ作業を行いましょう。ここでは、一例として電話番号が同じままで機種変更するときの方法を紹介します。

引き継ぐ前のスマホ設定をする

1 設定画面を開く

「メールアドレス」「パスワード」「電話番号」を確認します。ホーム画面から設定ボタンをタップします。

2 「アカウント」をタップ

設定画面が表示されたら「アカウント」をタップします。

3 アカウント情報を確認する

引き継ぎに必要なのは「電話番号」「メールアドレス」「パスワード」の3つです。確認してメモしておきましょう。

4 「アカウント引き継ぎ」をタップ

設定画面に戻り「アカウント引き継ぎ」を選択します。「アカウントを引き継ぐ」を有効にします。

引き継ぎ後のスマホの設定をする

1 電話番号を入力

新しいスマホにLINEをインストールして起動します。電話番号の入力画面が表示されるので電話番号を入力します。

2 認証コードを入力

入力した電話番号にSMSで認証番号が送信されるので送信された認証番号を入力します。

3 パスワードを入力する

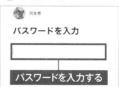

続いてパスワード入力画面が表示されます。以前の端末に登録しておいたパスワードと同じものを入力しましょう。

4 トークを復元する

トーク履歴の復元設定画面です。「トーク履歴を復元」をタップしましょう。これで引き継ぎは完了です。iPhoneの場合はiCloud、Androidの場合はGoogleドライブにバックアップしたデータを引き継ぎましょう。

不要になった トークルームを 削除する

　使わなくなったトークルームは削除していきましょう。今よく使うトークルームだけが一目でわかるようになります。なお、トークルームを削除しても友だちリストから消えることはないので問題はありませんが、削除すると過去の履歴が見れなくなる点に注意しましょう。

トーク画面右上にある「編集」をタップし、削除したいトークルームにチェックを入れて、「削除」をタップします。

削除確認画面が表示されます。「削除」をタップするとトークルームが削除されます。

電話番号が変わっても LINEのアカウント は引き継げる?

　電話番号を変えても以前と同じLINEアカウントを使えます。39ページと同じ方法でアカウントの引き継ぎを進め、新しい端末で新しい電話番号を入力後、アカウント引き継ぎ設定を選択し、「以前の電話番号でログイン」を選択し、設定しておいたパスワードを入力すれば完了です。

新しい電話番号を登録しようとすると、前に使っていた人のアカウント名が表示されることがあります。ここでは「いいえ、違います」をタップします。

アカウント引き継ぎ設定画面になります。「アカウントを引き継ぐ」を選択し、以前の電話番号、もしくは登録しているメールアドレスで引き継ぎをします。

気になるメッセージ をメモするには 「Keep」を使う

　気になるメッセージをちょっとしたメモのような感じで保存する場合は「Keep」を使いましょう。「ノート」と異なり自分しか見えないのが特徴です。自分のプロフィール画面で「Keep」を選択しましょう。

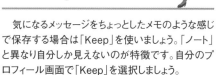

メッセージをKeepに保存するには長押しして表示されるメニューから「Keep」をタップして「保存」をタップします。

保存したKeepを閲覧するにはプロフィール画面を開き「Keep」をタップしましょう。保存したKeepがファイルの種類ごとに分類されています。

Keepに 保存した内容を 整理する

　Keep画面では保存したKeepが自動で写真、テキストなどファイルの種類別に分類されます。また、コレクション(フォルダのようなもの)を作って自由に分類できます。保存したKeepを削除したい場合は左へスワイプして「削除」を選択しましょう。

コレクションに追加するKeepにチェックを付けて下の追加ボタンをタップします。

追加ボタンをタップして、コレクション名を入力しましょう。選択したKeepが保存されます。

LINE

複数人トークとグループトークの違いはなに?

LINEで3人以上でメッセージのやり取りを行うには「複数人トーク」と「グループトーク」の2種類の方法があります。両者の大きな違いは招待を送る際の手間や利用できる機能にあります。複数人トークは招待した相手を強制的に参加させることができますが、グループトークは相手の承認が必要になります。一方、複数人トークではグループノートのようなアルバムやノートなどの作成が行なえません。（複数人トークの設定方法は下段を参照）

1 1対1のやり取り時のメニュー画面

1対1でのトーク時のメニュー画面です。ノートやアルバムなどLINEのメイン機能の大半が利用できます。

2 複数人トーク時のメニュー画面

ノートとアルバムが使えない

複数人トークのときのメニュー画面です。1対1のときのメニュー画面と異なりノートとアルバムが使えなくなります。

3 グループトーク時のメニュー画面

グループトーク時のメニュー画面です。1対1のトーク時とメニュー構成は同じでノートやアルバムも利用できます。

複数人トークからグループを作成する

複数人トークは機能が限られていて不便ですが、複数人トーク画面から参加しているメンバーでグループを作成することもできます。ノートやアルバムが必要になったときはグループトークに変更するといいでしょう。

メニューの「メンバー」から「グループ作成」をタップ

トーク中に別の友だちを参加させたい

特定の友だちとメッセージのやり取りをしているときに、ほかの友だちを参加させたい場合は「招待」を利用しましょう。トークルーム右上のメニュー画面から「招待」を選択して、招待したいメンバーを指定すればよいだけです。ただし、招待されたメンバーはこれまでのやり取りのログは閲覧できません。

タップ

②タップ

①チェックを入れる

トークルーム右上にあるメニューボタンをタップして「招待」をタップします。

招待したいメンバーにチェックを入れて右上の「招待」をタップしましょう。

グループに招待されたらどうすればよい?

LINEのユーザーからグループに招待されると、友だちリストの「招待されているグループ」にグループが表示されます。ここでは参加しているメンバーが表示されます。参加しているメンバーを確認してから参加するか決めましょう。嫌な場合は「拒否」をタップします。

タップすると参加メンバーが表示される

タップ

参加するか拒否するか決める

グループに招待されるとトーク画面に「○○があなたを招待しました」という項目が追加されます。タップします。

グループプロフィールを表示します。数字部分をタップすると参加しているメンバーがわかります。下のボタンで参加するか拒否するか決めましょう。

※ただし現在は、この方法で友だちを追加することができなくなっている場合もあり、その場合は、グループを作ることになります（アプリのバージョン、個々の環境で違うようです）。

仲のよい友達だけでグループを作って話したい

LINEに登録している複数の友だちと同時にメッセージをするには「グループトーク」を利用しましょう。一時的なおしゃべりよりも、特定の人と長期的なやり取りを行う際に便利です。

グループでは最大499人まで友だちを招待することができます。グループには好きなグループ名

を付けることができるので趣味のサークルや仕事のプロジェクト名などを付けて活用するのが一般的な使い方となります。また、グループには写真をアップロードしてアイコンを設定することができます。

グループを作成するには、まずグループ名を設定し、その後グ

ループに招待するメンバーを友だちリストから選択します。「友だちをグループに自動で追加」をオンにすると招待した友だちは自動的にグループに参加します(複数人トークになる)。オフにした場合は招待メッセージが送信され、相手側が参加するかどうか決めます。

1 友だち追加画面を開く

ホーム画面を開き右上にある友だち追加ボタンをタップします。「グループ作成」をタップします。

2 招待メンバーにチェックを入れる

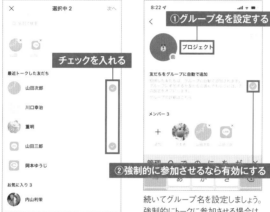

グループに招待するメンバーにチェックを入れて「次へ」をタップします。

3 グループ名を設定する

続いてグループ名を設定しましょう。強制的にトークに参加させる場合は、「友だちをグループに自動で追加」をオンにしましょう。

4 グループ名の作成完了

グループが作成されるとホーム画面の「グループ」項目に追加されます。トークをはじめるにはグループ名をタップします。

5 グループ名画面を開く

グループ画面が開きます。参加中のメンバーと招待中のメンバーのアイコンが表示されます。「>」をタップすると詳細が表示されます。

6 メッセージのやり取りを行う

メッセージのやり取りは通常のトーク画面とほぼ変わりはありません。既読マーク横に表示される数字は既読した参加中のメンバーの数だけ表示されます。

7 メニュー画面から各種機能を使おう

右上のメニューボタンをタップするとさまざまな機能が利用できます。退会もここで行なえます。

8 音声通話やビデオ通話をする

トーク画面右上にある受話器アイコンをタップするとグループでの音声通話やビデオ通話が行えます。

グループのアイコンや名前を変更したい

グループのアイコンは招待したメンバーだけでなく、招待されたメンバーが自由に変更することができます。アイコンはあらかじめいくつかデザインが用意されているほか、スマホ内に保存している任意の写真を設定できます。グループ名も自由に編集することができます。ただし、変更するとほかのメンバーの端末から見たときのアイコンや名前も変更されてしまうので、変更する前にはメンバーに一声かけておきましょう。

1 設定ボタンをタップする

グループのプロフィール画面を表示し、右上の設定ボタンをタップします。

2 トーク設定画面が表示される

トーク設定画面が表示されます。アイコンを変更するにはアイコン横のカメラボタンをタップして「プロフィール画像を選択」をタップします。

3 写真を選択する

写真選択画面が表示されます。用意されている写真を選択できるほか「写真を選択」からスマホに保存している写真を指定することもできます。

4 グループ名を変更する

グループ名を変更する場合はトーク設定画面の「グループ名」をタップしてグループ名を入力しましょう。

グループの予定をスムーズに決めたい

グループトークで旅行や飲み会などのイベントごとが発生したときは「イベント」機能を利用しましょう。トークルームメニューにある「イベント」からイベント作成ができます。イベントに日時やイベント名を設定しましょう。イベント日時が迫ると通知するようにすることもできます。なお、作成したイベントに参加するかどうかはグループに参加しているメンバー個々が決めることができます。参加する場合は「参加」ボタンをタップしましょう。

1 メニューから「イベント」をタップ

グループトーク画面を開いて、右上のメニューボタンをタップし「イベント」をタップしましょう。

2 カレンダーから日時を選択する

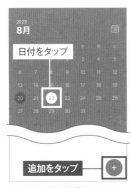

カレンダー画面が表示されます。イベントの日時を選択して、右下の追加ボタンをタップします。

3 イベントの詳細を決定する

イベント作成画面が表示されます。イベント名、日付、参加確認をするかどうか、通知時期の設定を行いましょう。

4 作成したイベント画面

イベントが作成されます。参加する場合は「参加」をタップすれば、下の「参加」に自分の名前が追加されます。

LINEで無料通話をしてみよう

　LINEでは友だち同士でインターネットを使って音声通話することができます。キャリア通話と異なり料金は一切かかりません。毎日友だちや家族と長電話する人におすすめのサービスです。ただし、通信料（モバイルデータ）はかかるのでWi-Fiをうまく利用するよう注意しましょう。なお、メッセージと異なり通話は互いに友だちリストに登録していないと利用できません。

1 相手の音声通話部分をタップ

友だちリストから通話を行う相手をタップしてプロフィール画面で「音声通話」をタップしましょう。

2 音声通話をしている状態

相手が通話に出ると名前の下に通話時間が表示されます。通話を終了する場合は赤いボタンをタップしましょう。

3 相手からの電話に応答する

相手から通話がかかってくることもあります。通話に出る場合は「応答」をタップしましょう。

通話に出られない場合はメッセージを送信することもできるよ！

複数の友だちと同時に通話したい

　複数の友だちと同時に通話することもできます。通常の通話方法と異なり、複数人トーク画面、もしくはグループトーク画面の上に表示される電話アイコンをタップします。参加しているメンバーのトークルームに「グループ音声通話が開始されました」というメッセージが表示され「参加」ボタンをタップすることでグループ通話が行なえます。最大500人まで参加できます。また、グループ音声通話を終了しても、参加しているメンバー同士間で通話を続けることができます。

1 グループトーク画面を開く

複数人トーク、もしくはグループトーク画面を開きます。右上の電話アイコンをタップして「音声通話」をタップします。

2 音声通話がはじまる

音声通話画面に切り替わり、相手に音声通話の通知が行きます。しばらく待ちましょう。

3 参加をタップする

コールされたメンバーにはトークルーム上部に「グループ通話を開始しました」というメッセージが表示されます。参加する場合は「参加」をタップしましょう。

4 相手のLINEの画面はこうなる

「参加」したメンバーのアイコンが通話画面に表示されるようになります。

パソコンでもLINEを使うことができる!

LINEはスマホやタブレットだけでなくパソコン用のアプリも配布されており、インストールすればパソコンからLINEを利用することができます。パソコンの前にずっといる環境の場合は、パソコンのキーボードを使ったほうが集中力が途切れずスムーズにメッセージのやり取りができるでしょう。もともとスマホの文字入力が苦手な人にもおすすめです。長文でも効率よくキーボードで入力できます。通常ほかのスマホ端末でログインすると元の端末では自動でログアウトされてしまいますが、パソコン版LINEは、普段使用しているスマホ版LINEと同期して利用することができます。ほかにもテキストのフォントをカスタマイズしたり、指定したキーワードを含むメッセージだけ通知する「キーワード通知」など便利な機能が満載です。

パソコン版LINEを利用するには、LINEの公式サイトにアクセスしましょう。Windows版とMac版アプリのほか、Chromeブラウザ用の拡張アプリが用意されています。自分の環境に応じたバージョンをダウンロードしましょう。

1 LINEアプリをダウンロードする

ブラウザでLINEの公式サイトにアクセスして、対象のOSのプログラムをダウンロードしましょう。

2 LINEを起動する

LNIEを起動するとログイン画面が表示されます。「スマートフォンを使ってログイン」をクリックし、電話番号を入力します。

3 コード番号をメモする

185302

認証コード番号が表示されるので、この番号をメモします。

4 スマホ版LINEの設定

スマホ版LINEの設定画面から「アカウント」を開き、「ログイン許可」を有効にして「他の端末と連携」をタップします。

5 メモしたコードを入力する

デスクトップに表示された6桁の認証番号を入力しましょう。

6 「ログイン」をタップ

「他の端末でログインしますか?」という確認画面が表示されます。「ログイン」をタップしましょう。

7 パソコンでLINEが使える

デスクトップのLINEでログインが行われトークリストが表示されます。

パソコン版は複数のトーク画面を同時に表示できる

パソコン版LINEでは各トーク画面をアプリ外にドラッグ&ドロップすると、独立させることができます。複数のトークウインドウを同時に閲覧できて便利です。

トークをアプリ外にドラッグ&ドロップしましょう。

メールアドレスとパスワードでログインする

パソコン版LINEでは電話番号のほかにLINEに登録しているメールアドレスやQRコードを使ってログインすることもできます。電話番号以外でLINEのアカウントを取得した人はこちらを利用しましょう。ログイン画面で登録しているメールアドレスとパスワードを入力しましょう。デスクトップに表示される認証コードをスマホ版LINEに入力すれば、ログインできます。QRコードでログインする場合は、デスクトップに表示されているQRコードをLINE内のカメラで読み取りましょう。

1 メールアドレスで ログインする

パソコン版LINEのログイン画面で「メールアドレスでログイン」をクリックし、メールアドレスとパスワードを入力します。

2 認証コードを 入力する

デスクトップに認証コードが表示されます。スマホ版LINEを起動して認証コードを入力しましょう。

3 QRコードで ログインする

スマホ版LINEの友だち追加画面を開き「QRコード」をタップします。カメラが起動したらログイン画面のQRコードを読み取ります。

4 「ログイン」をタップ

ログイン確認画面が表示されます。「ログイン」をタップするとログインできます。

公式アカウントってどういうもの?

LINEでは友だちのほかに企業や有名人、お店などの公式アカウントが存在します。友だちに追加することで最新情報やお得な限定クーポン、限定スタンプを入手することができます。公式アカウントを追加するには、ホーム画面にある「サービス」から「公式アカウント」をタップします。キーワードで自分で検索できるほか、人気の公式アカウントをカテゴリ別に一覧表示してくれます。

1 公式アカウント メニューを開く

ホーム画面を開き、「サービス」下の「公式アカウント」をタップします。

2 公式アカウントを 追加する

追加したいアカウントを検索してプロフィール画面を表示させます。「追加」をタップしましょう。

3 トークルームで 情報を受信する

友だちリストに公式アカウントが追加されます。あとは定期的に発信されるメッセージで最新の情報を受け取りましょう

クーポン配信 アカウントを探す

お得なクーポンを配布している公式アカウントを効率的に探すなら、下部メニューの「カテゴリー」から「クーポン」をタップ。今すぐ使えるものだけが表示されます。

クーポンだけ取得することも可能ですが、使用するには友だちに追加する必要がある場合があります。

LINE

ホーム画面のプロフィールを わかりやすいものにする

名前、写真、背景、現在の状態を相手に分かりやすく伝える

ホーム画面にある自分のアカウント名をタップして表示されるプロフィール画面は、友だちだけでなく友だち以外からも閲覧できます。たとえば、ID・電話番号検索などの検索結果画面でも設定している写真や背景のカバーが表示されます（タイムラインへの投稿内容は友だちしか閲覧できません）。そのため、プロフィール画面に設定する名前、写真、背景などは、できるだけ相手から見てわかりやすいものにしておく必要があります。

プロフィールをカスタマイズするには、ホーム画面一番上にある自分の名前をタップして、表示されるプロフィール画面から「設定ボタン」をタップしましょう。アイコン、カバー、ステータスメッセージ、視聴中のBGMなどの情報を変更できます。

プロフィールを設定しよう

1 プロフィール画面を表示する

ホーム画面を開き一番上にある自分の名前か画像をタップします。続いて設定アイコンをタップしましょう。

アイコンとカバーの変更

端末内に保存している写真を選択してアイコンやカバーに設定できます。

名前の変更

プロフィールに表示される名前を設定しましょう。相手側の端末でも標準で表示される名前になります。

2 プロフィール画面をカスタマイズしよう

各カメラアイコンをタップすると写真選択画面が表示されます。端末内に保存している写真を選択してアイコンやカバーに設定できます。

▶BGM

LINE MUSICから好きな音楽を選択するとその楽曲名がプロフィールに表示されます。アイコン、カバーとあわせて自分のイメージにあうBGMを指定しましょう。

ステータスメッセージ

現在の自分の状態を入力しましょう。やり取りしたくない場合は「取り込み中」や「仕事中」などを記入しておくといいでしょう。

ストーリーで現在の状況を表現しよう

画像と現在の状況を豊かに伝える

LINE VOOMの画面上部には「ストーリー」という機能があります。ストーリーはリアルタイムな現在状況を相手に伝えるための機能で、LINE VOOMと異なり24時間経過すると自動消滅します。ストーリーをタップすると、そのユーザーがアップした写真やショートムービーが順番に再生されます。インスタグラムの「ストーリーズ」と似た機能です。

ストーリーは自分で投稿することもできます。画面左上の「＋ストーリー」ボタンをタップしましょう。ストーリー作成画面が表示されるので、投稿した写真、動画などを撮影または添付しましょう。写真にテキストやスタンプを挿入すれば、より伝わりやすくなります。また、ストーリーには「足あと」機能があり、誰が自分の投稿を閲覧したかわかります。

ストーリーを作成して投稿しよう

1 ストーリーを作成する

ストーリーを作成するなら下部メニューから「VOOM」を選択して、「フォロー中」から「ストーリー」をタップ。

2 投稿する内容を選択する

画面下部から投稿する内容を選択します。テキストを入力する場合は「テキスト」をタップして画面中央をタップします。

3 フォントサイズやカラーを選択する

左下のカラーボタンをタップするたびに文字カラーを変更できます。左側のスライドバーでテキストサイズを調整できます。

4 フォントサイズやカラーを選択する

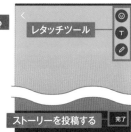

写真撮影して投稿する際は、右上のツールバーを使って写真にさまざまなレタッチをかけることができます。

5 友だちのストーリーを見る

ほかのユーザーが投稿したストーリーを閲覧する場合は、VOOM上部に表示されているユーザーアイコンをタップしましょう。

6 メッセージを送信する

ストーリーが再生されます。下のメッセージ入力欄でメッセージを送信したり、いいねを付けることができます。

再生を一時停止したい場合は画面を長押ししよう

※ LINE VOOMの使い方は付録の方にあります。

7 公開範囲を指定する

投稿する際画面下の「全体公開」をタップすると、ストーリーの公開範囲を指定することができます。

知らない人にID検索されないようにするには

LINE 上のユーザーを検索できるIDは便利ですが、IDを公表していると知らない人に検索され、友だち追加されて迷惑なメッセージが送られてくること があります。ID 検索による友だち追加をブロックするには設定画面で「IDによる友だち追加を許可」をオフにしましょう。これでID 検索結果画面に自 分のアカウントが表示される心配はありません。友だちにIDを教えたいときだけ一時的に有効にしましょう。

1 「プライバシー管理」 をタップ

ホーム画面から設定画面を開き、「プライバシー管理」をタップします。

2 IDよる追加を オフにする

オフにする

「IDによる友だち追加を許可」をオフにしましょう。

3 「プロフィール」画面 からオフにする

オフにする

「プロフィール」画面からも「IDによる友だち追加を許可」をオフにできます。

IDを変更することはできない？

LINE のID は一度設定すると変更することができません。ID 検索は許可したものの本名をIDにしてしまっているなど現状のIDに不満がある場合は、一度LINEのアカウントを削除して新規登録するという方法もあります。もちろん、その場合はこれまでのトーク履歴や友だちリストも削除されてしまうので注意しましょう。

電話番号を検索して友だち追加されないようにする

スマホのアドレス帳に登録していない知らない人でも、LINE では相手が自分の電話番号を知っていれば電話番号で検索して友だちにリストに追加 することができます。そのため、IDを非公開にしても知らない人からメッセージが届くことがあります。電話番号から友だちを追加されないようにする には「友だちへの追加を許可」をオフにしましょう。

1 電話番号による 検索

タップ

LINE の友だち追加画面で「検索」をタップするとIDのほかに電話番号を入力して友だちを検索することもできます。

2 「友だち」をタップ

タップ

ホーム画面から設定画面を開き「友だち」をタップします。

3 友だちへの追加を 許可をオフにする

オフにする

「友だちへの追加を許可」をオフにしましょう。これで見知らぬ人に電話番号検索されても検索結果に表示されません。

同じアカウントで 電話番号を変更は？

LINE のトーク履歴や友だちリストを残したまま電話番号だけ変更したいことがあります。もし、新しい電話番号を所有しているなら番号を変えてしまうのもいいでしょう。

設定画面から「アカウント」→「電話番号」→「次へ」と進み新しい電話番号を登録しましょう。

LINEのアカウントを削除して退会するには

LINEをしていて不審なユーザーから頻繁にメッセージが送られてきたり、つながっていた友だちを一度リセットしてしまいたいなら、アカウントを削除して退会しましょう。退会した場合、友だちのLINE上の名前には「メンバーがいません」と表示されるようになります。

注意点として、退会するとこれまでのトークや通話も閲覧できなくなってしまい、さらにはこれまで購入した有料スタンプや着せかえの購入データが削除されてしまいます。LINE Pay口座にチャージされている金額やポイントも使えなくなるので、残っている残高は事前にコンビニなどで使い切りましょう。

退会後、再度新しいLINEのアカウントを作成することはできます。23ページに戻って電話番号を再度登録して、名前などの個人情報を入力するといいでしょう。

1 「ホーム」画面から「設定」画面を開く

LINEのアカウントを削除するには、まずメニューの「ホーム」を開き、右上の設定ボタンをタップします。

2 「アカウント」画面へ移動する

設定画面から「アカウント」を選択します。アカウント画面が開いたら下へスクロールして「アカウント削除」をタップします。

3 「アカウント」を削除する

「アカウントを削除」という画面が表示されます。「次へ」をタップします。この段階ではまだ削除されません。

4 削除内容を確認して同意する

購入したアイテムや連動したアプリを削除する注意書きが表示されます。理解したらチェックを付けていきましょう。

アカウントを削除せずアプリだけ削除も?

アカウントを削除してしまうと今まで購入したスタンプやアイテムもすべて消えてしまいます。一時的に停止したいだけなら、アカウントは削除せず、アプリを端末から削除しましょう。アプリを削除するだけなら友だち情報や購入したアイテムはLINE上に残ったままになり、LINEアプリを再インストールし、ログインすることで以前と同じ状態で利用できるようになります。

5 「アカウントを削除」をタップする

下へスクロールして「アカウントを削除」をタップします。

6 「削除」をタップして削除する

「削除しますか?」と確認画面が表示されます。「削除」をタップするとLINEのアカウントが完全に削除されます。

退会すると購入したスタンプもLINEペイの残高も使えなくなるので注意!

Faceboo

フェイスブック

「Facebook」は、友達と自由に交流できるSNSです。「暑いですね!」といった一言の投稿から、たくさんの写真も交えたブログのような長文まで、自由に投稿できるのがX（元Twitter）と違ったところでしょう。またほかの人の投稿に「いいね!」をつけられるのはもちろんですが、「凄いね」「悲しいね」などの多彩なリアクションをつけることも可能です。さらに、グループを作ったり、イベントを企画したりと遊びにはもちろん、仕事にも活用できるとても高機能なSNSといっていいでしょう。

またタグ付けされて画像を
掲載されちゃった……
載せるなら痩せてるときの
写真にしてよ!

昔の友達との
交流が増えて
僕はとっても
楽しいよ!

Facebookの画面はこんな感じ!

友達リストは非公開にしておいた方がなにかと安全よ!

LINEやXより、なんか落ち着く感じのSNSだよね。

タイムライン画面

❶ 新規作成……新規の投稿を作成します。

❷ 検索……友だちの名前やキーワードで検索できます。

❸ メッセンジャー……メッセンジャーアプリに表示を変更します。

❹ ホーム……自分や友達、いいね!したメディアなどの投稿を表示します。

❺ 友達……友達や知り合いかもしれないユーザーなどを表示します。

❻ ウォッチ……さまざまな動画を楽しむことができます。

❼ MarketPlace……ローカルコミュニティで出品された商品を購入、販売することができます。

❽ 通知……自分の投稿へのリアクションやお知らせがあったときに表示されます。

❾ その他メニュー……プロフィールの変更やそのほかの詳細な設定が行えます

❿ 投稿……自分の投稿や友達、ニュースメディアなどの投稿が表示されます。「いいね!」やコメントをつけられます。

メッセンジャー画面

❶ 音声通話……音声通話が始められます。

❷ ビデオ通話……ビデオ通話が始められます。

❸ チャット……チャットが表示される部分です。

❹ その他……位置情報やリマインダーなどを設定できます。

❺ カメラ……その場でカメラを起動させ、撮影ができます。

❻ 写真……写真をチャットに挿入できます。

❼ 音声入力……音声クリップをチャットに添付できます。

❽ テキスト入力スペース……メッセージを入力します。

❾ スタンプ……ここからスタンプを選び、送信できます。

❿ 親指マーク……「了解!」や「オッケー!」的な意味で送信されます。

ストーリーズってなに? **71**ページ	イベントを友達と計画したい **70**ページ
友達と一対一でやり取りしたい **73**ページ	グループで話をしたい **76**ページ
音声通話やビデオ通話をしたい **74**ページ	パスワードを変更する **78**ページ

Facebook

Facebookでできることを確認しよう

実名で友だちと繋がりつつ見知らぬ人と知り合えます

Facebookは世界で最も多くのユーザーが利用しているソーシャルネットワークです。実名での登録が原則で、また多くは実名や学歴、職歴がプロフィールに表示されます。そのため、これまで通っていた会社や学校などで直接面識のある知人とインターネット上で交流する際に利用されやすいサービスです。もちろん見知らぬ人とも交流できます。

Facebookは LINE の1対1のコミュニケーションよりも、つながっている友だちみんなと交流するための機能が充実しています。自身の近況を文章や写真にして投稿してみましょう。つながっているユーザー全員が閲覧し、内容によって「いいね」やコメントなどさまざまなリアクションがもらえます。また、別アプリの「メッセンジャー」アプリを使えばLINEのように1対1の密室的なメッセージのやり取りや無料の音声通話やビデオ通話もできます。

Facebookの特徴を知ろう

1 実名登録と経歴の公開が基本

実名登録はもちろんのこと、ほかのSNSよりも登録時に出身地、学歴、職業、性別、家族構成など個人情報を細かく登録し、公開することが望まれます（非公開可能）。

2 多くのユーザーにメッセージを発信

ブログのように複数のユーザーが閲覧する内容を投稿し、その内容に対していいねを付けたりコメントを付けるなどのリアクションをとれます。

3 1対1でのやりとり

メッセージや音声通話で1対1のやり取りもできます。通常の投稿と異なり外部に公開されません。

4 グループ作成

特定の友だちと承認制のグループを作成できます。学校のサークルや仕事のプロジェクトで共同するときに便利です。

5 動画や写真で自分の日常を配信

動画や写真の投稿機能も充実しています。現在の状況をビジュアルで伝えるのに向いています。

学歴や仕事、家族でつながっているユーザーが多いせいか年齢層は少し高め！

Facebook

アカウントを作成して Facebookをはじめよう

電話番号、メールアドレスを使ってアカウントを作成する

FacebookはPCでもスマホでも登録ができます。ここではスマホでの登録方法を解説します。スマホでFacebookを利用するにはアプリをインストールする必要があります。iPhoneならApp Store、AndroidならPlayストアでFacebookを検索してダウンロードしましょう。パソコンからアカウントを作成することもできます。

ホーム画面からアプリを起動したらアカウント作成画面が表示されます。表示画面に従って進めていけば登録は完了です。FacebookはLINEのように電話番号がなくても、Gmailなどのメールアドレスだけで簡単にアカウントを取得できます。登録後は、電話番号登録の場合はSMSで、メールアドレス登録の場合はメールアドレスに本人確認のメッセージが送られてくるので認証を行いましょう。本人確認ができればアカウント作成は完了です。

Facebookのアカウントを取得しよう

1 アプリをダウンロードする

iPhoneの場合はApp Store、Androidの場合はPlayストアからFacebookアプリをダウンロードしましょう。

2 Facebookアプリを起動する

Facebookアプリを起動します。新規アカウントを作成するには「登録」をタップし、続いて本名を入力しましょう。

3 個人情報を入力する

続いて生年月日や性別を入力しましょう。Facebookではできるだけ正しい個人情報を入力したほうがいいでしょう。

4 電話番号かメールアドレスを入力する

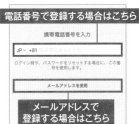

本人確認を行います。SMSが受信できる電話番号、もしくはメールアドレスのどちらかを選択しましょう。

5 アカウントを認証する

メールアドレスで登録した場合、指定したメールアドレスに確認メールが送信されるので「アカウントを認証」をタップしましょう。

6 ログインパスワードの設定

続いてログインパスワードの設定をします。ログイン時はアカウント名と一緒にここで設定するパスワードを入力します。

7 アカウント登録完了

アカウント登録はこれで完了です。登録時はプロフィール写真の追加などさまざまな設定画面が表示されますが「スキップ」して後ででも設定できます。

アカウントを複数使い分けることもOK

1台1アカウントのLINEと異なり、Facebookは1台のスマホで複数のFacebookアカウントの取得、利用ができます。また、アプリ上で取得した複数のアカウントを簡単に切り替えられます。仕事用とプライベート用など複数のアカウントを取得するのもよいでしょう。

Facebook

アイコン背後のカバー写真を設定しよう

Facebookに登録したらカバー写真を設定しましょう。カバー写真とはプロフィール写真の背後に設置される写真です。自分のプロフィールを開くと大きく表示されるので、自分の趣味や特徴をよく表した写真を設定しましょう。

スマホ端末に保存している写真のほかFacebook上にすでに投稿した写真から選択して設定することができます。複数枚の写真をコラージュした写真を設定することもできます。

1 左上のプロフィールアイコンをタップ

カバー写真を設定するには左上にあるプロフィールアイコンをタップします。

2 端末から写真を選択する

プロフィール画面が表示されます。「プロフィールを編集」をタップし、編集したい箇所を選択しましょう。

3 写真の位置を調整する

写真を選択するとこのようにカバーに設定されます。指でドラッグして写真の位置を調整できます。

背景にアバターを利用する

Facebookで作ったアバター機能はカバーにも設定できます。カバー設定ボタンをタップ後のメニューで「アバターのカバー写真を作成」をタップしましょう。

アバターのポーズと背景を指定できます。

好みのプロフィール写真を設定しよう

プロフィール画像は標準では白いシンプルな人形の画像が設定されていますが、カバー写真同様に自分を表す写真に変更することができます。カバー写真の変更と同様の手順でプロフィール画面から写真をアップロードしましょう。なお、プロフィール写真にはトリミングやフィルタ、テキスト、スタンプなどさまざまレタッチをかけることができます。最新バージョンでは無料でアバターのプロフィール写真を簡単に作成して設定できます。

1 プロフィールアイコンをタップ

写真を変更するには左上にあるプロフィールアイコンをタップします。

2 カメラアイコンをタップ

プロフィール画面を開き、プロフィール画像右下のカメラアイコンをタップして、プロフィールに使う写真を選択しましょう。

3 写真をレタッチしよう

写真設定後に表示される「編集」ボタンをタップすると写真のレタッチができます。

4 アバターをプロフィール写真にする

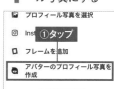

「アバターのプロフィール写真を作成」をタップするとアバターを作って、設定できます。

友だちを探して申請してみよう

Facebookで知り合いや友人とメッセージのやり取りをするには、相手のアカウントに友達申請をして承諾される必要があります。まずは目的の相手を検索しましょう。右上の検索ボタンをタップし、検索ボックスに名前を入力すれば、検索結果が表示されます。該当のユーザーがいれば選択してプロフィールの履歴（学歴、在住地、出身地）の詳細を確認しましょう。問題なければ友達申請しましょう。相手が承認すれば友だちリストに追加され、メッセージのやり取りや、相手がフィードに投稿した内容を閲覧することができます。

Facebookユーザーの中には、友だち申請ボタンがなく、代わりに「フォロー」というボタンだけがあることもあります。フォローとは相互承認がなくても相手のフィード上の内容が閲覧できるしくみです。知り合いではないものの投稿内容に興味がある場合は「フォロー」を選択するといいでしょう。

1 検索ボタンをタップ

友だちを検索するには右上の検索ボタンをタップします。

2 名前を入力する

検索フォームに名前を入力しましょう。検索結果にユーザー名が表示されるので、該当すると思われるユーザーを選択しましょう。

3 友達申請をする

名前の下にある「友達を追加」をタップしましょう。相手に申請メッセージが送信されます。

4 友だちリストで確認

下部メニューの友だちリストを開きます。相手が友達リクエストに承認すれば友だちリストに追加されます。

メッセージを一緒に送ろう

友達申請する際に申請ボタンを押すだけでなく、ボタン下にあるメッセージから一言メッセージを入れましょう。このメッセージの有無で判断されることもあります。

一言何か挨拶文をそえましょう。

5 タイムラインを閲覧できる

友達承認されると、友だち限定で公開しているタイムラインの内容が閲覧できるようになります。

6 申請を拒否されたら？

Facebookでは申請拒否したときに「拒否された」などの通知はありません。拒否された場合は、写真のように友達申請ボタンが「リクエストをキャンセル」のままになっています。

申請拒否されたと思った場合はリクエストを取り消してメッセージを一度送ってみるのもいいかもね！

Facebook

新しい友だちを効率よく探す方法は？

メニューの友だちリストを開くと、追加した友だちのほかに「知り合いかも」という欄があり、そこに見覚えのある人の名前が表示されます。知っている人なら友達申請してみましょう。また友だちリストの検索フォームに自分が住んでいる地域名やサークル名、趣味などを入力してみましょう。このキーワードに合致するユーザーが一覧表示されます。また、フィルタが用意されており、市区町村、学歴、職歴などでフィルタリング表示させることができます。

1 「知り合いかも」から探す

下部メニューから友だちリストを開きます。「知り合いかも」に表示されるユーザーから友だちを探しましょう。

2 地域名やサークル名で探す

検索フォームに地域名やサークル名を入力してみましょう。キーワードに合致するユーザーが表示されます。

3 フィルタで絞り込む

検索ボックス下にあるフィルタを使って検索結果を絞り込むことができます。

グループやページを検索するには？

Facebookのグループやページを検索する場合は、メニュー画面からグループタブを開いてキーワードを入力しましょう。

友達リクエストが来たら対応しよう

Facebookをしていると友だちリクエストが来ることがあります。もし、知り合いなら「承認」ボタンをタップしましょう。友だちリストに追加され、相手はあなたが友だちに公開している投稿を閲覧できるようになります。しかし、知らない人の場合は「承認」ボタンを押さず「削除」を考慮しましょう。決めかねているならリクエスト申請状態のままでもよいでしょう。なお、「削除」すると相手から友だち申請できなくなる点に注意しましょう。

1 友達リクエストを確認

友達申請されると友だちリストの「友達リクエスト」に相手の名前が表示されます。友だちなら「承認」をタップしましょう。

2 友だちリストに追加

友だちリストに相手が追加されます。「削除」をタップした場合は追加されません。

3 友だちにしないなら「削除」

友だちでない人の場合は手順1で「削除」をタップ、または何も押さないでおきましょう。

4 「削除」選択後は自分から申請する

友達申請を削除してしまうと、以後相手から申請できなくなります。知り合いだとわかって友だちリストに加えたい場合はこちらから申請しましょう。

友だちリストを 非公開に するには？

　Facebookの標準設定では自分の友だちリストが友だちでない外部の人でも自由に閲覧できる状態になっています。プライバシー的な点から友だちリストを外部の人に見られたくない場合は公開設定を変更しましょう。設定画面の「プライバシーセンター」画面から友だちリストの公開範囲を変更できます。

設定画面に入り「プライバシー設定の確認」を選択します。コンテンツのプライバシー設定をタップします。

標準では「公開」にチェックが入っているので公開設定を変更しましょう。

連絡先を アップロードして 友だちを探す

　Facebookで効率的に友だちを探すにはスマホの「連絡先」アプリに保存しているデータをアップロードしましょう。連絡先として登録している人の友だちを一覧表示したり、招待メッセージを簡単に送信できます。逆に知られたくない場合はオフにしましょう。

Facebook の設定画面から「設定」→「アカウントセンター」をタップします。

「あなたの情報とアクセス許可」→「連絡先をアップロード」で設定を変更しましょう。

誤って申請した 友だちリクエストを 取り消すには？

　誤って知らない人に友だち申請をしてしまったら、早めにキャンセルした方がいいでしょう。相手から申請を拒否されると、こちらから友だちの申請ができなくなります。「友達を追加」をタップして変化した「リクエストをキャンセル」をタップしましょう。

「友達を追加」ボタンをタップするとボタンが変化します。キャンセルするには「リクエストをキャンセル」をタップします。

友達リクエストをキャンセルしますか?と表示されるので「リクエストをキャンセル」をタップしましょう。

誤って友だちに なった人を 削除するには

　知らない人を誤って友達にしてしまった場合は「ブロック」するのではなく「友達を削除」を選択しましょう。友だちではなくなりますが、相手は自分の全員公開の投稿を閲覧したり、メッセージのやり取りもできます。

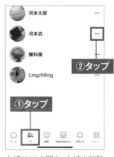

友達リストを開き、友達を削除したいユーザーの横の「…」をタップします。

メニューが表示されるので「○○さんを友達から削除」をタップすると、友達リストから削除できます。

Facebook

Facebookに投稿してみよう

Facebookは他人の投稿を見るだけでなく、自分でタイムラインに投稿することもできます。投稿するにはホーム画面上部の「その気持ち、シェアしよう」をタップします。投稿画面が表示されるので投稿する内容をテキストで入力しましょう。テキスト入力ボックス下部から色や模様の入った壁紙を設定することができます。最後に右上の「投稿」をタップするとタイムラインに内容が反映されます。

1 「その気持ち、シェアしよう」をタップ

投稿するにはホーム画面の「その気持ち、シェアしよう」をタップします。

2 投稿内容を入力する

投稿作成画面が表示されます。中央の白い部分をタップして投稿内容を入力します。最後に右上の「投稿」をタップします。

3 タイムラインに投稿される

投稿内容がタイムラインに反映されます。標準では友達になっている人だけが内容を閲覧できる状態になっています。

投稿内容を編集する

投稿した内容に誤りがあったり誤字脱字を直したい場合は編集機能を利用しましょう。投稿した内容の右上にある「…」をタップして「投稿を編集」から編集できます。

Facebook上で友だちと仲が悪くなったら

友達にはなったものの、あまり趣味が合わなかったり意見が違い過ぎたりと仲が悪くなってしまったら、あまり気を使わず「ブロック」するのもいいでしょう。相手は自分のFacebook上の投稿が一切閲覧できなくなります。ブロックするほどではなく、ほかの友達とは距離を置きたいレベルであれば友達のまま「フォローをやめる」を選択しましょう。ニュースフィードに友達の投稿が表示されなくなります。相手は全員公開の投稿しか閲覧できなくなります。

1 友達のプロフィールページを表示する

ブロックしたい相手のプロフィールページにアクセスしてメニューボタンをタップしましょう。

2 「ブロックする」を選ぶ

「ブロックする」をタップします。以降はFacebook上で自分の情報が相手に表示されなくなります。

3 フォローをやめる

「フォロー」から「フォローをやめる」を選択すると相手の投稿がニュースフィードに表示されなくなります。

4 友達リストからブロックする

友達リストからブロックもできます。相手のメニューをタップして「ブロック」を選択しましょう。

Facebookに写真をアップしたい

複数の写真を一度にアップロードできる

Facebookではテキストだけでなく写真を投稿することもできます。テキストに添付するだけでなく、写真だけを単独で投稿することもできます。投稿するには投稿欄の「写真・動画」をタップしましょう。スマホに保存している写真が一覧表示されるので、投稿したい写真にチェックを入れましょう。写真は複数選択してアップロードすることができます。

iPhoneやAndroidのスマホアプリから同時にアップロードできる枚数は80枚ですが、PCからも同じく80枚同時にアップロード可能です。

また、Facebookにはアップロードする写真にレタッチもできます。あらかじめ用意されているフィルタ、スタンプ、テキスト、手書き機能を使って写真を彩りましょう。

Facebookに写真をアップロードしよう

1 「写真・動画」を選択する

写真をアップするには投稿欄下の「写真・動画」もしくは、タイムラインの「写真」からアップロードできます。

2 アップロードする写真を選択する

保存先を選択する

写真を選択する

写真選択画面が表示されます。アップロードしたい写真を選択しましょう。最大80枚選択することができます。

3 写真をアップロードする

投稿するならここをタップ

アルバム先を設定する

写真が選択されます。そのままアップロードする場合は右上の「投稿」ボタンをタップしましょう。アルバムに写真をまとめて投稿することもできます（詳しくは67ページ）。

写真をレタッチする

写真を編集したい場合は、レタッチしたい写真の左上にある「編集」をタップします。

レタッチ画面が表示されます。エフェクト、スタンプ、テキスト、落書きなどのツールで写真を加工しましょう。

レイアウトを変更する

投稿画面左上にあるレイアウト選択をタップするとレイアウトを変更することができます。

友達だけに公開するか全体に公開するか、範囲を指定することもできるよ！

Facebook

Facebookは動画の アップロードもできる

動画のレタッチ機能が豊富！ストリーミングもできる

Facebookでは写真だけでなく動画をアップロードすることもできます。写真と同じく複数の動画をまとめてアップロードすることができます。

なにより優れているのはレタッチ機能でしょう。Facebookはアップロードする動画も写真と同じく豊富なレタッチ機能を使って加工できます。フィルタを使って簡単にアーティスティックな動画に編集

したり、テキストも手書きの文字も載せることができます。時間の長い動画から一部分だけを投稿したい場合は、範囲指定して切り出すトリミング機能も搭載しています。

また、ライブ動画というリアルタイムで動画をFacebook上で配信する機能も用意されています。

Facebookに動画をアップロードする

1 「写真・動画」を
タップ

投稿作成画面で下にあるメニューから「写真・動画」をタップします。

2 アップする動画を
選択する

カメラロール画面が開くので保存している動画を選択します。動画も複数選択できます。

3 動画登録画面

動画が登録されます。そのまま投稿する場合は右上の「投稿」をタップしましょう。

4 動画を
レタッチする

レタッチしたい動画の左上にある「編集」をタップします。

5 エフェクトを
選択する

レタッチ画面が表示されます。右のメニューから「エフェクト」をタップするとエフェクト一覧が表示されるので利用したいレタッチを選択します。

6 範囲を
指定する

レタッチメニューの「トリミング」で動画から範囲指定した箇所を切り取ることができます。

ライブ動画を配信する

1 「ライブ動画」を
選択する

ライブ動画を始めるには投稿メニューから「ライブ動画」を選択します。

2 公開設定を
行う

カメラ画面が起動します。「ライブ動画を開始」をタップするとライブ配信が始まります。公開設定も設定できます。

投稿内容の公開設定を変更するには

Facebookに投稿した内容は初期設定では友達になっている人全員に公開されます。しかし、投稿内容によっては友達だけでなくウェブ全体に公開したいものや、逆に特定の友達だけに公開したいこともあります。その場合は、投稿範囲を設定しましょう。投稿画面の名前の下にある「公開設定」ボタンをタップすると公開範囲設定画面が表示されます。なお、投稿したあとでも公開設定を変更することはできます。

1 公開設定ボタンをタップ

投稿画面で名前の下にある公開設定ボタンをタップしましょう。

2 プライバシー設定を選択

公開範囲の選択ができます。特定の友達だけに公開する場合は「一部を除く友達」をタップします。

3 対象相手にチェックを付ける

投稿する内容を公開する友達にチェックを付けて「完了」をタップします。

4 「投稿」をタップする

公開設定を変更して右上の「投稿」をタップしましょう。

投稿したあとに公開設定を変更する

すでに投稿してしまった記事の公開範囲を変更することもできます。投稿した記事の右上に表示されている「…」をタップして、「プライバシー設定を編集」をタップしましょう。公開範囲設定が開くので設定を変更しましょう。

なお、これまで投稿内容を全体公開していましたがすべて非公開に変えたい場合は、設定画面の「プライバシーの確認」からまとめて非公開にすることができます。

1 投稿右上の「…」をタップ

公開設定を変更したい記事右上の「…」をタップして「プライバシー設定を編集」をタップしましょう。

2 プライバシー設定を編集する

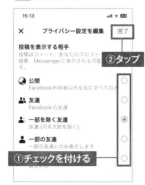

投稿を表示する相手のチェックを入れかえて、右上の「完了」をタップしましょう。公開範囲が変更されます。

3 過去の投稿の公開設定を変更する

過去の投稿の公開設定をまとめて変更する場合は「設定」→「プライバシー設定の確認」→「コンテンツプライバシー設定」をタップします。

4 過去の投稿を制限する

「過去の投稿を制限」をタップし、「制限する」をタップします。

Facebook

投稿した画像を削除するには

Facebookに投稿した写真を削除する方法は2つあります。1つは投稿記事を削除してしまう方法です。しかし、この方法は記事についた「いいね」やコメントも消えてしまいます。これらを残しておきたい場合は投稿の編集画面から写真を削除しましょう。対象の記事の編集画面を表示して写真部分をタップします。写真が一覧表示され、各写真の右上に「×」マークが付きます。これをタップすると写真を削除することができます。

1 「投稿を編集」を タップ

編集したい記事を表示し右上の「…」をタップして「投稿を編集」をタップします。

2 写真をタップする

投稿編集画面が表示されます。添付されている写真部分をタップします。

3 「×」をタップする

添付している写真が一覧表示されます。写真右上の「×」マークをタップすると写真が消えます。編集を終えたら「完了」をタップします。

4 「保存する」を タップする

元の投稿編集画面に戻ったら「保存する」をタップしましょう。編集の完了です。

ほかの友だちの投稿をシェアして拡散したい

Facebookのタイムラインに流れてくる記事の中には、友だちのイベント告知に関する記事など、自分も告知を手伝ってあげたいものもあります。そのような記事は「シェア」しましょう。「シェア」とはほかのユーザーの投稿を自分のタイムラインに再投稿することで、同じ内容を自分とつながっている友だちに広めることができる機能です。オリジナル記事をそのまま再投稿したり、コメントを付けて再投稿することができます。

1 「シェア」をタップ

シェアしたい記事右下にある「シェア」をタップします。

2 そのままシェアする

シェア投稿画面が表示されます。そのままオリジナル記事をシェアする場合は「今すぐシェア」をタップしましょう。

3 コメントを付けて シェアする

コメントを付けてシェアしたい場合は、シェア投稿画面にテキストを入力した上で「今すぐシェア」をタップしましょう。

4 投稿がシェアされる

シェアした投稿が再投稿されます。友だちのタイムラインにも再投稿した内容が表示されます。

友だちの投稿に「いいね!」やコメントを付ける

　Facebook上での友だちとコミュニケーションをする手段はさまざまですが、タイムラインに流れてくる友だちの投稿に対して「いいね!」やコメントを付けるのが基本となります。「いいね!」は投稿に対して軽く好意的で応援する気持ちのときに使います。コメントは実際に投稿記事に何か話しかけたり、メッセージのやり取りをしたくなったときに利用しましょう。

1 「いいね!」を付ける

「いいね!」を付けるには記事の左下にある「いいね!」をタップします。

2 「いいね!」を付けた

「いいね!」をつけるとアイコンが青色に変わります。もう一度タップすると「いいね!」を取り消すこともできます。

3 コメントを付ける

コメントを付けるには記事の下にある「コメントをする」をタップします。

4 コメントを入力する

コメント入力欄が表示されるのでテキストを入力しましょう。入力後右端にある送信ボタンをタップしましょう。

お気に入りの投稿を保存して後で見る

　タイムラインに流れてくる投稿であとで見返したくなるような気になる投稿は「投稿を保存」しておきましょう。タイムラインがどんどん流れて元の記事にたどりつけなくなっても保存リストからすぐに見返すことができます。
　投稿を保存するには記事右上にある「…」をタップして「投稿を保存」をタップします。通常は「後で見る」にチェックを入れておけば問題ありません。保存した投稿はメニューの「保存済み」で確認することができます。

1 「…」をタップする

保存したい投稿の右上にある「…」をタップします。

2 「投稿を保存」をタップ

表示されるメニューから「投稿を保存」をタップします。保存先にチェックを入れます。

3 メニュー画面を開く

保存した投稿を見るには右下のメニューボタンをタップして「保存済み」をタップします。

4 投稿が保存された

保存された投稿が一覧表示されます。

Facebook

友だちの投稿に写真や スタンプでコメントしよう

コメント入力欄から写真やスタンプを追加できる

タイムラインに流れる投稿にコメントをする際はテキストだけでなく、写真や気持ちを伝えるのに便利なスタンプも添付することができます。

写真を添付したいときは、記事下部にある「コメントする」をタップしたあとに表示されるコメント入力欄の左側にあるカメラアイコンをタップしましょう。写真選択画面が表示されるので添付したい写真を選択しましょう。写真は1枚しか添付できません。

スタンプを添付するときはコメント入力欄右にあるスタンプアイコンをタップし、画面下部にスタンプが一覧表示されるので、適当なスタンプを選択しましょう。ほかに、Facebookが用意しているGIFアニメを投稿することもできます。最新版では自分のアバターを作成して投稿することができます。

コメントに写真やスタンプを挿入しよう

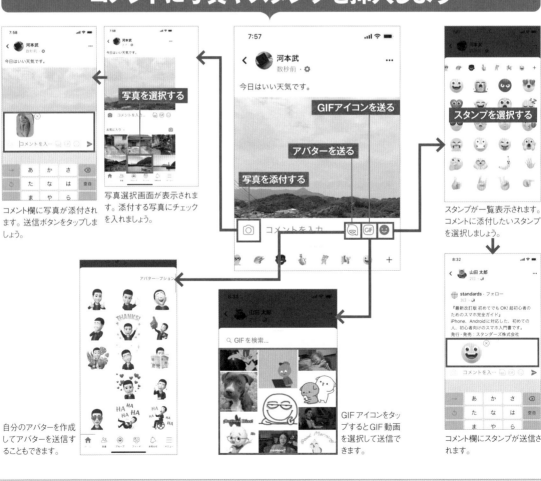

コメント欄に写真が添付されます。送信ボタンをタップしましょう。

写真を選択する

写真選択画面が表示されます。添付する写真にチェックを入れましょう。

GIFアイコンを送る

アバターを送る

写真を添付する

スタンプを選択する

スタンプが一覧表示されます。コメントに添付したいスタンプを選択しましょう。

自分のアバターを作成してアバターを送信することもできます。

GIFアイコンをタップするとGIF動画を選択して送信できます。

コメント欄にスタンプが送信されます。

「いいね!」のほかにもリアクションがあります

投稿記事へのアクションの1つ「いいね!」ではタップすると親指を上げたアイコンが表示されますが、ほかにもさまざまなアイコンが用意されています。ほかのアイコンを表示するにはいいねボタンを長押ししましょう。「超いいね!」「うけるね」「すごいね」など7種類の別のアイコンが利用できます。

ほかのアイコンを表示させるには「いいね!」ボタンを長押しします。

ほかのアイコンが表示されます。付けたいリアクションのアイコンをタップしましょう。

アイコンやスタンプで投稿しよう

投稿時にはそのときの気分を表すのに便利なアイコンやスタンプを名前の横に追加できます。本文が読まれなくても名前横のアイコンだけで現在の状態を相手に伝えることができます。下部メニューから「気分・アクティビティ」をタップしましょう。

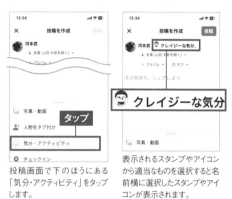

投稿画面で下のほうにある「気分・アクティビティ」をタップします。

表示されるスタンプやアイコンから適当なものを選択すると名前横に選択したスタンプやアイコンが表示されます。

複数の写真をアルバム単位でアップロードする

Facebookは複数の写真を大量にまとめてアップロードするのに向いています。便利な「アルバム」作成機能があり、指定した写真を好きな名前を付けたアルバムに整理しながらアップロードできます。旅で撮影した写真やイベントで撮影した写真をまとめるのに向いています。作成したアルバムを閲覧するには、自分の名前をタップしてプロフィール画面に移動し、「写真」タブを開きましょう。

1 「+アルバム」をタップ

投稿作成画面で名前の横にある「+アルバム」をタップ。アルバム作成画面が表示されます。「+アルバムを作成」をタップします。

2 アルバム名を付ける

アルバム名を入力して右上の「保存」をタップしましょう。アルバムが作成されます。

3 写真を選択する

投稿作成画面に戻ったらメニューから「写真・動画」をタップし、アルバムに保存する写真にチェックを入れていきましょう。

4 公開範囲を指定してアップロード

投稿画面に写真が添付されます。最後に公開範囲を指定して右上の「アップロード」をタップしましょう。

Facebook

アルバムの公開範囲を変更したい

アルバムは初期設定では公開範囲が「友だちのみ」になっていますが、アップロード前でもアップロード後でも自由に公開設定を変更することができます。Facebookのアルバム機能を個人的な写真アーカイブに使いたいという人なら公開設定を「自分のみ」に変更しましょう。逆に誰にでも閲覧できるようにするなら公開設定「公開」にすれば、友だち以外の人でも自由にアルバム内の写真を閲覧できます。

1 プロフィール画面に移動する

アルバムの公開設定を変更するには、右下のメニューボタンをタップして自分のプロフィールをタップします。

2 「写真」から「アルバム」を選択する

プロフィール画面中ほどにある「写真」をタップし、「アルバム」をタップします。

3 設定画面を表示する

アルバムが開きます。右上の「…」をタップして設定画面を開き、「プライバシー設定」をタップします。

4 公開範囲を設定する

プライバシー設定画面が表示されます。公開範囲を「公開」「友達」「自分のみ」から選択してチェックを入れ直しましょう。

タグ付けすると友だちの名前が投稿上でリンクされる

Facebookの投稿メニューの1つに「タグ付け」があります。タグ付けとは投稿時に一緒にいる(または写真に映っている)友達にリンクを貼る行為です。タグ付けするとその友達の名前が記事上に表示され、タップするとその友だちのFacebookページが開きます。用途としては、投稿記事に友だちの写真が映っていることを知らせたいときや、まったく知らない人たちに友だちを紹介したいときに利用します。

1 メニューから「タグ付け」を選択する

投稿作成画面の下部メニューから「人物をタグ付け」をタップしましょう。

2 タグを付ける相手を指定する

タグ付け設定画面が表示されます。一緒にいる友達にチェックを入れて「完了」をタップします。

3 「投稿」をタップする

投稿作成画面に戻ると自分の名前の横にタグ付けした人の名前が表示されます。「投稿」をタップしましょう。

4 タグをタップする

投稿された記事には自分の名前の横にタグ付けした人の名前が表示されます。タグをタップすると相手のFacebookページが表示されます。

勝手にタグ付けされて個人情報をさらされたくない

友達からタグ付けされることがあります。タグ付けされると自分のタイムラインにも相手の投稿が勝手に流れてしまいます。ユーザーによってはプライ バシー問題などの点からタグ付けが嫌いな人も多いでしょう。そういう場合はタグ付けの設定を変更しましょう。タグ付けされた投稿の表示を承認制にで きます。設定で「自分がタグ付けされた投稿をタイムラインに表示する前に確認しますか?」にチェックを入れましょう。

1 設定画面を開く

設定メニューから「設定とプライバシー」をタップし「設定」をタップします。

2 プロフィールとタグ付けをタップ

下にスクロールして「プロフィールとタグ付け」をタップします。

3 タグ付けに関する各種設定

「Facebookで表示される前に他の人があなたの投稿に追加したタグを確認する」を有効にしましょう。

4 プロフィールとタグ付けをタップ

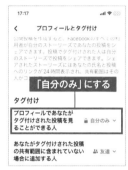

また、「プロフィールであなたがタグ付けされた投稿を見ることができる人」を「自分のみ」にしておくと、ほかのユーザーに閲覧されることはありません。

タグ付けされた投稿を自分のタイムラインに流したくない

「プロフィールとタグ付け」設定でタグを承認制に変更すると、自分がタグを付けられるときに、通知が届きます。このとき、タグ付けされた投稿を自分の タイムラインに表示したくない場合は「非表示にする」を選択しましょう。しかし、相手のタイムラインにはタグは残ったままになってしまいます。タグ自 体を削除したい場合は自分がタグ付けされた投稿の右上にある「…」をタップして「タグを削除」をタップしましょう。

1 メニューボタンをタップする

タグが付けられた投稿を非表示にする場合は、投稿右上の「…」をタップし、「投稿を非表示」を選択します。

2 タイムラインで非表示になる

タイムラインからタグ付けられた投稿が消えます。ただし、投稿者のタイムラインにはまだタグは残ってます。

3 投稿者のタイムラインのタグを削除する

投稿者のタイムライン上にあるタグを削除するには、右上の「…」をタップして「タグを削除」をタップします。

4 タグの削除を確認する

タグの部分が投稿から削除されました。相手の投稿にも自分の名前が表示されることはありません。

Facebook

「イベント」機能で友だちと イベント情報を共有する

イベントを作成して参加するメンバーを管理しよう

Facebookの友だちと飲み会やパーティなどのイベントを開催するときは「イベント」の機能を使うと便利です。イベント機能では、日時や場所などの情報が入力されたイベントを作成でき、そこに参加する友だちにまとめて招待を送ることができます。イベントを作成時に招待を送ると相手のイベント通知欄に参加の可否を確認する通知が送信されます。

通知を開くと回答画面が表示されます。参加する場合は「参加予定」、参加しないなら「参加しない」にチェックを入れると相手に返答できます。未定の場合や答えたくない場合は「未定」をタップしましょう。なお、作成されたイベントページにアクセスすると誰が「参加」「未定」「不参加」しているのか確認することができます。参加メンバーを見てから意思決定するのもよいでしょう。オンライン形式によるミーティングなど参加形態も選べます。

イベントを作成して友だちを招待してみよう

招待する側の設定

1 「イベント」をタップ

イベントを作成するにはメニューボタンをタップして「イベント」をタップします。

2 「＋」をタップ

イベント画面が表示されます。自分でイベントを作成するには「＋」をタップします。

3 イベント内容を入力する

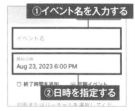

イベント作成画面が起動します。イベント名、日時、場所などを入力していきましょう。

4 オンラインかオフラインか設定する

イベント名、日時、場所などを入力していきましょう。

5 公開範囲の設定

プライバシー設定メニューから参加するイベントを友だち限定の非公開イベントにするか、だれでも参加できる公開イベントにするか選択しましょう。

6 招待を送信する

招待する人の横にある「Invite」をタップすると相手の通知欄に招待が送信されます

招待される側の設定

1 通知をタップする

招待されると右上にあるイベントアイコンに通知マークが現れます。タップしましょう。

2 参加するかどうか決める

参加確認画面が表示されます。参加する場合は「参加予定」、参加しない場合は「参加しない」、わからない場合は「未定」をタップしましょう。

Facebook

期間限定サービス「ストーリーズ」を使おう

選択した写真や動画を次々と流す期間限定コンテンツ!

Facebookには写真や動画をアップロードする方法として、直接タイムラインに投稿する方法のほかに「ストーリーズ」という機能が用意されています。

ストーリーズとは動画や、選択した写真などを連結させ、さまざまなエフェクトなども可能なスライドショー・コンテンツです。今日あった出来事の写真や動画を1つにまとめて友だちに見てもらいたいときに便利です。

作成したストーリーズは、投稿するとタイムラインに表示されるのではなく、画面一番上に表示され、タップすると再生されます。なお、ストーリーズは24時間限定で友だちだけに公開する機能です。そのため、ライブやパーティなど今起きているリアルタイムの出来事を伝えたいときに向いています。

手持ちの写真からストーリーズを作成してみよう

1 ストーリーズを作成

タップ

ストーリーズを作成するにはタイムライン上部にある「ストーリーズを作成」もしくはすでに作成した「ストーリーズ」をタップします。

2 写真を選択する

保存先を選択する
写真を選択する

すでに撮影した写真からストーリーズを作成するには保存場所を選択して、ストーリーズに利用する写真を選択しましょう。

3 写真をレタッチする

ツールを利用する

写真が登録されたら上にある「スタンプ」「テキスト」「落書き」などのツールを使って写真を加工しましょう。

4 シェアする

タップ

写真の加工が終わったら右下の「シェア」をタップします。

5 作成したストーリーズを鑑賞する

タップ

作成したストーリーズが追加されます。タップすると再生できます。

6 写真を追加する

タップ

ストーリーズに写真を追加するには、ストーリーズを開き右下にある「追加」をタップして写真を追加しましょう。

7 アーカイブを確認する

①長押しする
ストーリーズアーカイブ
ストーリーズのプライバシー設定を編集
②タップ

過去に作成したストーリーズを確認するにはストーリーズを長押しします。アーカイブ画面に移動します。

ストーリーズは誰が閲覧したかわかるので、誰が興味を持っているか確認できる!

Facebook

ストーリーズの公開範囲を変更する

ストーリーズをアップロードすると標準では友だち限定で公開されます。友だちでない多くのユーザーに見てもらいたい場合は、公開範囲の設定を変更しましょう。メイン画面上部にあるストーリーズの投稿ボタンを長押しして「ストーリーズのプライバシー設定を編集」から公開設定を変更することができます。逆にあまり親しくない人には公開せず、特定の友だちだけにストーリーズを限定公開することもできます。

1 設定を変更する

ストーリーズの投稿ボタンを長押しします。メニューが表示されるので「ストーリーズのプライバシー設定を編集」をタップします。

2 公開設定を変更する

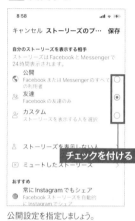

公開設定を指定しましょう。

3 公開しない人を指定する

手順2で「ストーリーズを表示しない人」をタップするとストーリーズを表示しない人を指定することもできます

他人のストーリーズをミュートする

他人のストーリーズが邪魔に感じる場合はミュートすることもできます。ミュートしたいストーリーズを表示して設定メニューから「○○さんをミュート」をタップしましょう。

右上の「…」をタップして「○○さんをミュート」をタップ

自分のストーリーズを保存するには?

作成したストーリーズは前ページで紹介したアーカイブ画面に移動すれば閲覧することができます。ただ、作成したストーリーズを保存してほかに活用したいという人もいるでしょう。ストーリーズ再生中のメニューから携帯端末に保存することができます。逆に作成したものの個人情報が映っていたりして、すぐに削除したいものもあります。その場合もストーリーズの再生メニューから削除することができます。

1 ストーリーズをタップ

ストーリーズ投稿ボタンを長押しし「ストーリーズアーカイブ」を選択し、保存するストーリーズを選択します。

2 メニューから保存を選択する

保存したい写真を表示し、右上の「…」をタップします。メニューが表示されるので「このストーリーズを保存」をタップしましょう。

3 ストーリーズを削除する

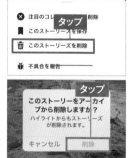

逆に削除する場合はメニューから「このストーリーズを削除」を選択します。確認画面が表示されるので「削除」をタップしましょう。

友達のストーリーズにリアクションする

友だちが作成したストーリーズを再生すると画面下部に入力フォームが表示されます。ここで相手にコメントを送ったり、いいね!を付けることができます。

コメントを入力する

Facebook

「メッセンジャー」で友だちとメッセージをやりとりする

Eメールよりもスムーズにメッセージのやりとりができる

Facebookのコミュニケーションはタイムラインに投稿された記事にコメントやいいね!を付けるだけでなく、LINEのトークのように1対1でメッセージのやり取りを行う方法も用意されています。

ただし、メッセージをやり取りするにはFacebookアプリとは別に「メッセンジャー」というアプリをインストールする必要があります。iPhoneの場合は App Storeから、Androidの場合はPlayストアからダウンロードしましょう。アプリを起動すると友だちリストが表示され、友だちをタップするとチャット画面が表示されます。チャット画面下部にある入力欄からテキストを入力してメッセージを送信できます。また、複数の人と動画や音声などでオンライン通話をしたり、ストーリーズを閲覧することもできます。

「メッセンジャー」アプリを使ってみよう

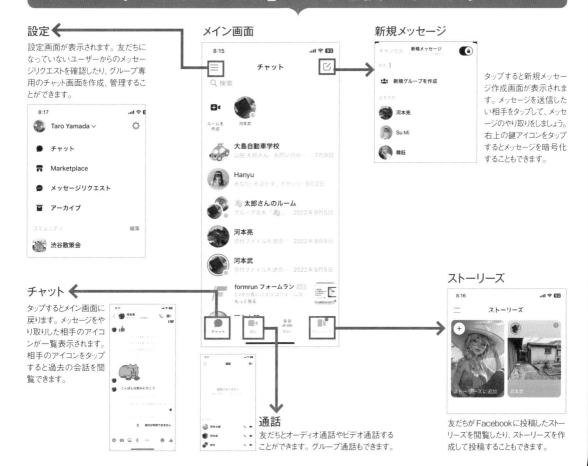

設定
設定画面が表示されます。友だちになっていないユーザーからのメッセージリクエストを確認したり、グループ専用のチャット画面を作成、管理することができます。

メイン画面

新規メッセージ
タップすると新規メッセージ作成画面が表示されます。メッセージを送信したい相手をタップして、メッセージのやり取りをしましょう。右上の鍵アイコンをタップするとメッセージを暗号化することもできます。

チャット
タップするとメイン画面に戻ります。メッセージをやり取りした相手のアイコンが一覧表示されます。相手のアイコンをタップすると過去の会話を閲覧できます。

通話
友だちとオーディオ通話やビデオ通話することができます。グループ通話もできます。

ストーリーズ
友だちがFacebookに投稿したストーリーズを閲覧したり、ストーリーズを作成して投稿することもできます。

073

Facebook

Facebookで 音声通話やビデオ通話をする

カメラアイコンから音声通話や動画通話もできます

「メッセンジャー」アプリはテキストメッセージだけでなく、LINEのように音声通話をかけることができます。音声通話を行うには音声通話を行いたい人をタップしてチャット画面を表示します。右上にある電話ボタンをタップしましょう。相手が応答すると通話することができます。

またビデオ通話もできます。チャット画面右上端にあるビデオボタンをタップしましょう。動画では単純に顔を向けあって話すほかにエフェクトツールを使って顔や背景を隠す匿名機能も搭載されています。パソコン版Facebookでも利用できるのでオンラインミーティングにも利用できます。

Facebookで音声通話を行う

1 電話アイコンをタップ

音声通話を行うには相手をタップしてチャット画面を開きます。右上の電話アイコンをタップしましょう。

2 相手を呼び出し中

呼び出し画面が起動します。もし電話を切る場合は右上端の赤い電話アイコンをタップしましょう。

3 通話メニュー

タップして音声をミュートにする

相手が通話に出ると「呼び出し中」が通話時間に変更され、実際に音声通話ができます。自分の声を一時的にミュートにするには左から2番目のマイクボタンをタップしましょう。

左端にあるビデオアイコンをタップすると動画通話に切り替えもできる！

Facebookで動画通話を行う

1 ビデオアイコンをタップ

ビデオ通話を行うにはチャット画面で右上のビデオアイコンをタップします。

2 ビデオ配信中の画面

相手のカメラに映されたもの

自分のカメラに映されたもの

相手が通話に出るとビデオ通話が始まります。手前は相手の端末画面で右上が自分の端末です。

エフェクトツールを使えば、顔を隠したり部屋の背景を隠すことができる！

Facebook

メッセンジャーで複数の友だちとグループトークをする

「グループ」を作成してメンバーを指定しましょう

メッセンジャーでは1対1のやり取りだけでなく「グループ」機能を利用することで複数の友だちと同時にチャットすることができます。家族会議やサークルのメンバーなど複数人で話し合いをするときに便利です。

グループを作成するにはメッセンジャーのメイン画面（チャット）から新規作成ボタンをタップして「新規グループを作成」をタップしましょう。グルー

プトークをしたいメンバー全員にチェックを入れましょう。自動的にグループが作成されます。初期設定は追加したユーザー名がグループ名になっていますが、編集画面からグループ名を付けることができます。

なお、クループに新たなメンバーを招待したり、特定のメンバーをグループから削除することもできます。

グループを作成しよう

次のページで紹介するFacebook本体のグループと異なる点に注意！

1 新規作成ボタンをタップする

タップ

タップ

メッセンジャーアプリのチャット画面を開き、右上の新規作成ボタンをタップします。「新規グループを作成」をタップします。

2 参加メンバーを選択する

②タップ

①チェックを入れる

グループトークに参加させる友だちにチェックを入れて「作成」をタップしましょう。

3 グループトーク開始

グループが作成されます。通常のメッセージのやり取りと同じように入力欄からメッセージやスタンプ、写真などを参加者に一斉送信できます。

4 グループ名を編集する

タップ

左上のアイコンをタップすると編集画面に切り替わります。「名前または写真を変更」をタップするとグループ名を編集できます。

5 テーマを変更する

「テーマ」からテーマを指定する

設定画面ではグループ名作成のほかテーマを設定したり、各メンバーのニックネームを設定することができます。

6 グループのメンバーを管理する

タップ

メンバーを新たに追加したり、削除する場合は編集画面で「チャットメンバーを見る」を選択します。

7 メンバーの追加と削除

メンバーを追加する

メンバーを削除する

メンバー管理画面が表示されます。右上の追加ボタンでメンバーを追加します。メンバーをタップして「グループから削除する」で削除できます。

Facebook

Facebookの
グループとは何なのか

複数で企画やプロジェクトを管理するときに便利

Facebookには「グループ」という機能があります。グループはFacebook上で複数のメンバーと何らかのプロジェクトを立て、管理するのに便利な機能です。おもに仕事のプロジェクト、地元ボランティアのコミュニティ、趣味同士の集まりを形成するときに利用されます。

Facebookのグループはだれでも作成できます。

Facebookのメニュー画面から「グループ」をタップし、作成ボタンをタップするとグループ作成画面が表示されます。ここで、グループに招待したいメンバーを指定しましょう。あとからでも追加でメンバーを招待できます。グループには自由に名前を付け、プライバシー設定やFacebook上での検索の可否を設定することができます。

既存のグループをのぞいてみよう

近くの飲食店やスーパーの割引情報を共有するグループなどもあって便利!

グループは自分で作成しなくてもたくさんのFacebookユーザーが作成して公開しています。設定メニューの「グループ」をタップするとおすすめのグループが表示されます。

グループを作成してみよう

1 グループを作成する

Facebookの設定メニューから「グループ」を選択します。グループ画面が表示されたら「＋」をタップします。

2 グループ編集画面

グループ編集画面が表示されます。グループ名を入力、公開設定を指定します。「グループを作成」をタップします。

3 招待するメンバーを選択する

グループに招待したいメンバーにチェックを入れて進めましょう。

4 参加グループを確認する

自分が参加しているグループを確認するには、設定メニューの「グループ」から「参加しているグループ」をタップしましょう。

グループの投稿に対してリアクションをする

グループのメンバーになるとメンバーが投稿した内容に対してコメントすることができます。メンバーがグループに投稿すると通知が届くので返信してみましょう。また、元の投稿とは別に、返信に対する返信も行えます。

コメントはテキストだけでなく写真を添付することもできます。写真をアップロードすることで豊かなコミュニケーションが行えるでしょう。スタンプやGIFアニメでコメントをすることもできます。

1 「コメントする」をタップ

投稿にコメントするには「コメントする」をタップします。入力欄が表示されるのでテキストを入力しましょう。

2 コメントに対して返信する

コメントに対してコメントもできます。その場合はコメント下の「返信」をタップしてテキストを入力しましょう。

3 写真で返信する

投稿に対して写真をアップロードしてコメントすることもできます。左のカメラアイコンをタップして写真を選択しましょう。

4 投稿したコメントを編集する

投稿したコメントを長押しするとメニューが表示されます。コメントを編集したり削除したりできます。

グループに写真や動画などを投稿する

グループ管理人が投稿した内容にコメントするだけでなく、自分でグループに投稿することもできます。投稿する際はテキストはもちろんのこと写真や動画もアップロードできます。テキストにフレームを設定して目を引きやすい投稿にデコレーションをすることもできます。

グループに投稿する際は、匿名で投稿することもできます。ただし管理者以外のメンバーが投稿する際は、管理者の承認が必要な場合があります。

1 グループ画面に入る

設定画面から「グループ」を選択して「参加しているグループ」から対象のグループを選択します。「テキストを入力」をタップします。

2 内容を入力する

投稿作成画面が表示されます。テキストを入力しましょう。写真を添付する場合は右下の写真アイコンをタップします。

3 内容を投稿する

内容を入力したら右上の「投稿」をタップすればグループに投稿できます。匿名で投稿する場合は、「匿名で投稿」を有効にしましょう。承認されれば投稿できます。

公開範囲の設定変更はグループ管理者が行う

公開範囲はグループに招待されたメンバーでは設定できません。変更してもらいたい場合はグループ管理者に頼みましょう。グループ管理者は独特のメニューが利用できます。

グループ管理人の「管理者ツール」の「グループ設定」から公開範囲を変更できます。

Facebook

グループのカバー写真を変更したい

　グループの管理者はほかのメンバーと異なりさまざまな独自の管理権を持っています。たとえば、グループページに表示されるカバー写真はグループ管理者のみが変更することができます。メンバーからカバー写真を変更したいという声が上がったら、グループ管理者が変更しましょう。グループ管理者アカウントでグループのページにアクセスし、カバー写真に「編集」から写真を変更することができます。

1 管理者アカウントでアクセス

管理者アカウントでグループのページにアクセスします。カバー写真右下にある「編集」をタップします。

2 写真をアップロードする

メニューが表示されます。カバー写真を別のものに変更するには「写真をアップロード」を選択しましょう。

3 写真を調整して保存する

端末から写真を選択します。写真が登録されたら指でドラッグして位置を調整し、「保存」をタップします。

グループ管理者のインターフェースはほかのメンバーと一味違う！

ログインパスワードを変更するには？

　ネットサービスを使っている人であれば常識ですが、サービスのログイン時に利用するパスワードは不正アクセスから身を守るため定期的に変更することが推奨されています。特にSNSは個人情報が膨大に含まれているためパスワード管理には注意しましょう。Facebookでログインパスワードを変更するにはメニュー画面の「設定」から「アカウントセンター」へ進み、「パスワードを変更」でパスワードを変更できます。

1 設定画面にアクセスする

Facebookの設定画面を開いて「設定とプライバシー」から「設定」をタップしましょう。

2 パスワードとセキュリティ

アカウントセンターを開き、「パスワードとセキュリティ」をタップします。

3 パスワードを変更する

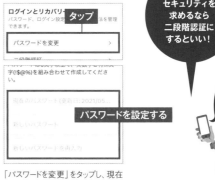

「パスワードを変更」をタップし、現在のパスワードと新しいパスワードを入力します。最後に「変更を保存」をタップしましょう。

より強力なセキュリティを求めるなら二段階認証にするといい！

※二段階認証の記事はダウンロード付録に掲載されています。

Facebookのアカウント削除方法を知りたい

Facebookのアカウントを削除する方法は2つ用意されています。1つはアカウントを完全に削除する方法で、プロフィール、写真、投稿、動画、その他アカウントに追加したコンテンツのすべてが完全に削除されます。アカウントを再開することはできません。「メッセンジャー」アプリも利用できなくなります。

もう1つの削除方法は、Facebook利用の一時休止。こちらを選択した場合、自分もほかのユーザーもFacebookのアカウントにアクセスできなくなります。ただし、サーバ上にこれまで投稿した写真やテキスト動画などのデータは残っています。「メッセンジャー」アプリは引き続き利用できます。

完全削除時に注意したいのは、ほかのサービスとの連携です。Facebookアカウントを使ってSpotifyやPinterestなどの他のアプリに登録していた場合は、それらのアプリでFacebookのログインを利用できなくなります。

1 設定画面を開く

右下のメニューボタンをタップして「設定とプライバシー」をタップし「プライバシーセンター」をタップします。

2 アカウントの所有者とコントロール

下にスクロールして「アカウントと情報を削除」をタップします。

3 アカウントの利用解除と削除

一時的に利用を停止する場合は「アカウントの利用解除」にチェックを入れ、「アカウントの利用解除へ移動」をタップします。

4 閉鎖するページとプロフィールを確認する

アカウントの休止とともに閉鎖されるページやプロフィール情報が表示されます。確認したら「次へ」をタップします。

5 パスワードを入力する

ログインパスワードを入力します。入力後「次へ」をタップします。

6 利用解除理由にチェックを付ける

利用を解除する理由として当てはまるものにチェックを付けて「次へ」をタップします。

7 アカウントの利用解除画面

アカウントの利用解除画面が表示されます。「次へ」をタップしましょう。

8 アカウントを一時的に休止する

「Facebookからのお知らせ配信を停止する」にチェックを入れて「次へ」をタップしてアカウントを一時的に休止します。

X（元Twitter）

エックス

SNS（ソーシャ・ルネットワーク・サービス）の元祖ともいえるのが「X（元ツイッター）」です。140文字以内の短い文章で友達と楽しく交流できます。1つの投稿が短いので、ちょっとした移動時間や待ち合わせの間のわずかなひとときなどにも気軽に楽しむことができます。もちろん、写真や動画も投稿が可能です。重要な情報はすぐに拡散されるので、タレント、俳優、政治家などの有名人や、好きなメーカー、ブランドなどの最新情報を入手するにもXは最適といえるでしょう。

名前がツイッターから変わってしまったけど基本は同じだね！

ニュースとか芸能情報を探すだけでも早くて便利なのよね、これ！

Xの画面はこんな感じ!

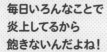

毎日いろんなことで
炎上してるから
飽きないんだよね!

ツイッターより
制限は増えたけど
やっぱりXは
SNSの代表だね!

タイムライン画面

❶ メニュー……プロフィール
やリストの表示、設定などの画
面に切り替えられます。
❷ タブ……標準のタイムラ
インのほか、リストも表示でき、切
り替えて利用できます。
❸ トップにスクロール……ト
ップに移動して最新のポストを
読むことができます。

❹ タイムライン……自分や
友達、フォローしている人の投
稿が流れていきます。
❺ 投稿ボタン……自分のポス
トを投稿する際はこのボタンか
ら始めます。
❻ ホーム……ホーム画面を
表示させます。
❼ 検索……キーワードでポスト
やユーザーを検索できます。
❽ 通知……自分の投稿にコメ

ントや「いいね!」がついたとき
に表示されます。
❾ ダイレクトメッセージ……
自分宛てのメッセージを表示さ
せます。

検索画面

❶ キーワード入力……気に
なるキーワードや、個人名、アカ
ウント名などで検索できます。
❷ トレンド設定……現在地や

フォローしている人などによって
トレンドを設定できます。
❸ おすすめ記事……おすす
めの記事が表示されます。スク
ロールさせていくとジャンル別
に掲載されています。

どんなことができるSNS？
X（元Twitter）の特徴を確認する

カジュアルに交流・情報収取できる

Xはさまざまなユーザーと交流できるSNSです。無料ユーザーは1つの投稿で140文字以内という文字制限があり、自分の意見、写真、動画などをカジュアルに発信・交流して楽しめます。また、有料プランのユーザーは、1万字を超える長文も投稿できるようになりました。これによって、ブログのように長文で意見を伝えることもできます。

また、昨今ではニュースや防災情報の取得、トレンドのキャッチなど、情報をすばやく入手できる手段としても注目されています。たとえば、芸能人や著名人のアカウントをフォローすれば、彼らの情報や趣向をいち早くチェックできます。公的機関やニュースサイト・商業施設をフォローしておけば、安全に繋がる情報やお得な情報などもキャッチすることができるでしょう。こうして、コミュニケーションと情報収集。どちらにも活躍するXの楽しみ方・活用方法を紹介していきます。

Xでできることをチェック！

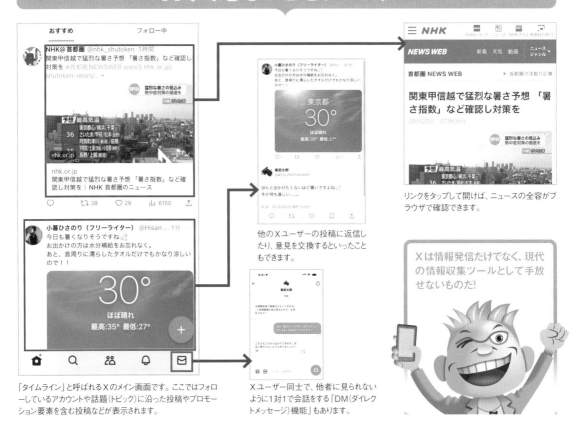

リンクをタップして開けば、ニュースの全容がブラウザで確認できます。

他のXユーザーの投稿に返信したり、意見を交換するといったこともできます。

Xは情報発信だけでなく、現代の情報収集ツールとして手放せないものだ！

「タイムライン」と呼ばれるXのメイン画面です。ここではフォローしているアカウントや話題（トピック）に沿った投稿やプロモーション要素を含む投稿などが表示されます。

Xユーザー同士で、他者に見られないように1対1で会話をする「DM（ダイレクトメッセージ）機能」もあります。

アカウントを作成して Xをはじめよう!

スマホからXアカウントを作成しましょう

さっそくXを始めてみましょう。スマホからでもアカウントを発行でき、今すぐにでもXデビューできます。手順は基本的に、画面の手順(iPhoneの場合で解説)に沿って進めていけば問題ありませんが、注意すべき点が2点あります。

まずはSMSが受信できるスマホの電話番号が必要です。Apple、Googleのアカウントでも登録できますが、電話番号を登録しておくとセキュリティ

の高い2段階認証が利用でき、なりすましや乗っ取りなども防げて安全になります。もうひとつは「連絡先を同期」の設定です。これを行なうと、スマホに登録されている連絡先からXを使っている友達を探せて便利な反面、匿名性も失われます。後ほど設定し直すこともできるので、ここでは手順をスキップしておくのが無難です。

Xアカウントの作成で注意すべきポイント

1 名前と電話番号を登録する

Xアプリを起動したら左上のプロフィールアイコンをタップ。「アカウント登録」→「アカウントを作成」から必要な情報を入力して進めます。

2 SMSでの認証を行なう

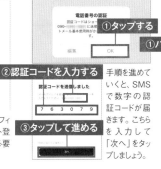

手順を進めていくと、SMSで数字の認証コードが届きます。こちらを入力して「次へ」をタップしましょう。

3 パスワードを設定する

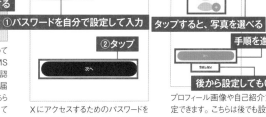

Xにアクセスするためのパスワードを入力して「次へ」をタップします。パスワードは紙にメモしておきましょう。

4 プロフィール画像や自己紹介の設定

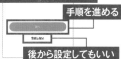

プロフィール画像や自己紹介文を設定できます。こちらは後でも設定できる(次のページを参照)のでスキップしても構いません。

5 Xのアドレスを決める

Xで使われるアドレス(名前)を変更できます。変更は任意ですが、覚えやすい英数字に変えておくのも良いでしょう。

6 「連絡先の同期」の可否

「連絡先の許可」は必要なら後で設定できます(86ページ参照)。ひとまずスキップしておくのが無難です。

7 興味があるキーワードやアカウントをフォローする

興味があるキーワードを選んだり、おすすめアカウントを事前にフォローしておけます。

8 Xを楽しむ準備が整う

Xのメイン画面(タイムライン)が表示され、フォローしたユーザーの投稿を見ることができます。

お気に入りの写真をプロフィール写真に設定

　自分の写真やペットの写真、趣味の写真などをプロフィール画像に設定しておくと、タイムラインやプロフィール画面で自分の個性をアピールすることができます。設定は任意ですが、同じ趣味の友達とコミュニケーションを図りたい場合は、プロフィール写真を設定しておいたほうが良いでしょう。

投稿にもプロフィール画像が表示されるので、タイムラインではアイコンから投稿主を見分けられるようになる点も便利です。

1 「プロフィール」画面を開く

画面左上のプロフィールアイコンをタップし、「プロフィール」をタップします。

2 「プロフィールを入力」をタップ

「プロフィールを入力」をタップし、「+」アイコンをタップ。スマホの中から写真を選びます。

3 写真の範囲を決める

写真からプロフィールに表示したい範囲を決めます。「適用」→「完了」とタップしましょう。

4 プロフィール画像が設定できる

プロフィール画像が設定できます。「次へ」でさらに自己紹介などのプロフィールの設定を進めることもできます。

プロフィールの情報を追加する

　アイコンに加えて、趣味やブログのURLなど、自分のプロフィールを入力しておくと、他のユーザーにより興味を持ってもらえるようになるので、ぜひ設定しておきましょう。ただし、誰にでも見られる場所なので、個人情報は控えましょう。

上の手順を参考に「プロフィール」画面を開き、「編集（Android では「プロフィールを編集」）」をタップします。

自己紹介を入力しましょう。趣味や趣向、年齢、好きなもの、活動内容などを記入しておくと良いでしょう。

誕生日の公開範囲を変更する

　Xのプロフィールには生年月日を設定できます。初期設定ではこれらは自分のみに表示される設定になっています。もし親しいフォロワーに誕生日を知ってほしい場合などは、それぞれの設定を見直しましょう。

プロフィールの編集画面を表示し、「生年月日」をタップ。「次へ」をタップします。

「月日」をタップして公開範囲を変更しましょう。相互フォローだけに公開するといった設定もおすすめです。

まずは友だちや知り合いを「フォロー」してみよう

Xを利用している友だちの近況などをチェックしたい場合は、相手を「フォロー」しておくと便利です。フォローしたアカウントの投稿は「タイムライン」というメイン画面に表示されるので、タイムラインを眺めているだけで、友人たちの近況がわかります。名

前やXのIDで友だちを検索して探す方法が一般的ですが、「おすすめ」のタイムラインで表示された投稿から、情報を追いたいユーザーをフォローする方法もあります。

この相手をフォローするという行為はXの基本的な楽しみ方で

す。多くのユーザーは勝手にフォローしても問題ありませんが、相手が鍵マークが付いた非公開アカウント（87ページで紹介）の場合は、まずフォローの申請を送って、相手からの承認を待つ必要があります。

1 友達の名前やニックネームで検索

「検索」ボタンをタップし、検索欄に友達の名前やアカウントを入力して検索。フォローしたい相手を見つけましょう。

2 友達を「フォロー」する

相手のプロフィールを確認して「フォローする」をタップします。

3 友だちがフォローできたことを確認

相手のステータスが「フォロー中」になったことを確認しましょう。

4 タイムラインに投稿が表示される

フォローしたアカウントの投稿は「タイムライン」に表示されます。以後はタイムラインを確認すると友だちの近況がわかります。

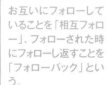

お互いにフォローしていることを「相互フォロー」、フォローされた時にフォローし返すことを「フォローバック」という。

「おすすめ」タイムラインから気になるユーザーをフォローする

「おすすめ」には、フォローしていなくても自分が興味をもちそうなユーザーの投稿も表示されるため、情報を集めやすくなります。

興味のある話題を投稿しているユーザーを見つけたら、ユーザー名やアイコンが表示されているプロフィール欄をタップしましょう。

相手のプロフィールが表示されるので、「フォローする」をタップしてフォローすることができます。

発信力の強い芸能人や好きなタレントをフォローする

好きな芸能人やタレント、作家、アイドルの情報を知りたい!という思いからXを始めた人も多いでしょう。彼らのアカウントをフォローしておけば、タイムラインから投稿を素早くキャッチでき、今何をしているのか?の近況を逐一チェックできるようになります。これには、検索機能を使って相手のアカウントを探しましょう。検索欄にキーワードや名前を入力してアカウントを探し、アカウント情報から「フォロー」ボタンをタップしましょう。

1 検索アイコンをタップする

画面下部にある「検索」アイコンをタップしましょう。

2 キーワードや名前で検索する

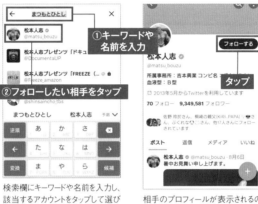

①キーワードや名前を入力
②フォローしたい相手をタップ

検索欄にキーワードや名前を入力し、該当するアカウントをタップして選びます。

3 「フォローする」をタップする

相手のプロフィールが表示されるので、「フォローする」をタップしましょう。

名前の横の青いマークは?

名前の横に表示される青いバッジは、著名人の本人であるとX社によって認められた「認証済みアカウント」の証です。もしくは有料プランへの加入者もこのマークを付けられます。

有料プランに課金すると誰でもこのマークを付けられます。

スマホの連絡先からXを使っている友だちを探す

Xではスマホの連絡先をアップロード（同期）する機能があります。これを利用すると、同じく連絡先をアップロードしていて自分の連絡先を知っているユーザーが「おすすめユーザー」に提案されることもあります。確実に見つかるわけではありませんが、身近な人物をXで探したい場合に便利です。なお、アップロードした連絡先は、他人に見られることはありません。削除もできるので、不安であれば後ほど削除しておきましょう。

1 「プライバシーと安全」を開く

①タップ
②タップ

画面の左上にあるプロフィールアイコンをタップし、「設定とサポート」→「設定とプライバシー」→「プライバシーと安全」をタップします。

2 連絡先を同期する

オンにする

「見つけやすさと連絡先」→「アドレス帳の連絡先を同期」をオンにしましょう。

3 連絡先に登録されているユーザーを確認

タップ

プロフィールアイコンをタップし、「●●フォロー」とある場所をタップしましょう。

4 連絡先のユーザーをフォローする

タップ

画面右上にある「+」ボタンをタップすると、「おすすめユーザー」から連絡先の友だちを探せることもあります。

フォロワーを確認してフォローを返す

　自分のアカウントをフォローしているユーザーのことを「フォロワー」と呼びます。プロフィールの「●●フォロワー」にその数が表示され、自分からフォローしていない相手はフォローを返す（フォローバック）することもできます。

1 フォロワー

タップ

タップ

プロフィールアイコンをタップして「●●フォロワー」をタップします。

自分をフォローしている人を確認できます。フォローを返すには「フォローバックする」をタップしましょう。

非公開アカウントにフォロー申請を送る

　Xは開かれたSNSですが、鍵マークが付いた「非公開アカウント」は投稿内容が見れず、勝手にフォローすることもできません。まずはフォロー申請を送り、相手が承認すればフォローし、投稿もチェックできるようになります。

ポストは非公開

タップ

フォロー許可待ち

フォローの許可待ちの状態

ポストは非公開です。

通常の手順と同じく、プロフィールの「フォロー」ボタンをタップします

相手にフォロー通知が届きます（やや時間がかかることもあります）。相手が許可するとフォローすることができます。

フォローした人を整理する「リスト」を作成する

　多くのアカウントをフォローしていると、タイムラインに流れてくる情報が多すぎて目を通しきれなくなります。こうした場合は「リスト」機能が活躍します。リストでは、指定したアカウントの投稿だけをタイムラインに表示できます。「ニュース」「友人」「趣味」「地域」など、アカウントからの投稿ジャンルに合わせて「リスト」を作成し、取得する情報を切り分けて管理すると、フォローアカウントが増えても、入手したい情報を的確に得られるようになります。

1 「リスト」をタップする

リスト

タップ

プロフィールアイコンをタップしてメニューを表示し、「リスト」をタップします。

2 リストを作成する

新しいリストを見つける

自分のリスト

タップ

リストがない状態の場合は右下のアイコンをタップして、リストを新規作成しましょう。非公開のリストも作成できます。

3 リストの名前や説明を入力する

①リストの名前、説明を入力

②タップしてリストを作成

リストの作成を終える

リストに名前や説明を入力して「作成」→「完了」とタップしましょう。

同じ手順を繰り返して目的別のリストを複数作成できる。リストへの追加方法は88ページへ！

作成したリストにユーザーを追加する

87ページで作成したリストに、ユーザーを追加してみましょう。これには、相手のプロフィール画面で「…」ボタンから「リストへ追加または削除」を選びます。なお、リストにはフォローしていないアカウントも追加できるので、フォローはしなくても投稿は確認したい！といった場合にも便利です。頻繁に流れてくると邪魔になるニュース系アカウントなどもリストで管理すると良いでしょう。

1 「…」をタップ

リストに追加したいアカウントのプロフィールを表示し、「…」をタップします。

2 「リストへ追加または〜」を選ぶ

メニューの中から「リストへ追加または削除」を選びましょう。

3 追加するリストを選ぶ

追加するリストを選べばリストに追加されます。

リストに追加すると相手に通知が届くが、非公開リストを作成した場合は通知は届かない！

気になる人の投稿を即座に通知させる

フォローしているアカウントが増えると、大切な相手の投稿もタイムラインに埋もれてしまいがちです。もし、芸能人やアイドル、仲の良い友だちなど、気になる相手の投稿をすぐにチェックしたい場合は、アカウントごとに設定できる通知機能を利用しましょう。設定画面でプッシュ通知をオンに設定しておけば、投稿があるたびにスマホに通知が届き、常に最新のポスト（投稿）を確認できます。

1 プロフィールの通知マークをタップ

相手のプロフィール画面を表示したら「通知」マークをタップします。

2 「すべてのツイート」を選択する

通知方法を問われるので「すべてのツイート」を選択しましょう。

3 ツイートがあると通知が届く

通知を設定したアカウントからの投稿があると、即座に通知が届きます。

4 ロック画面でも通知は届く

Xからの通知を許可していると、ロック画面でも通知が届きます。

今どんな気持ち？　気軽にポスト（投稿）してみよう

Xの見方に慣れてきたら、自分の気持ちや、興味があること、発信したい情報をポスト（投稿）してみましょう。タイムライン右下にある「＋（ポストを作成）」ボタンをタップすると、入力画面が表示されるので、140文字以内で文字を入力して「ポスト」ボタンをタップすればOKです。文字数制限は不便に思うこともありますが、日常の出来事を気軽につぶやけるカジュアルさがXの利点です。

1 「＋」ボタンをタップ

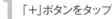
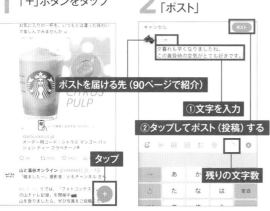

ポストを届ける先（90ページで紹介）

タップ

画面右下にある「＋」ボタンをタップします。

2 言葉を入力して「ポスト」

①文字を入力

②タップしてポスト（投稿）する

残りの文字数

伝えたい言葉を入力して「ポスト」をタップしましょう。

3 「OK」をタップ（初回限定）

より多くの利用者の注目を集める

より多くの利用者と直接交流する

タップ

OK

初めてのポストでは、この画面が表示されることがあります。この段階では「OK」をタップして画面を閉じてしまって大丈夫です。

4 タイムラインに反映される

自分のポストがタイムラインに反映されます。

140文字を超える内容をポストする

140文字という制限の中では、1つのポストでは内容を説明しきれない場合もあります。このような場合は、先に投稿したポストに繋がるように、連続したポストとなる「スレッド」で補足するのもXのテクニックのひとつです。

タップ

1つ目のポストに繋がるように連投するには、「＋」ボタンをタップします。

②タップして投稿

①繋がるポストを入力する

2つ目のツイートが作成されます。内容を入力して、「すべてポスト」をタップしましょう。

ほかのユーザーが投稿した写真を保存する

ほかのユーザーがXに投稿した画像や写真は、スマホに保存することができます。iPhoneでは長押しして「写真を保存」から保存できます。Androidでは画像をタップしてから右上の「：」ボタン→「保存」で保存できます。写真は個人で楽しむだけなら問題はありませんが、元の投稿者に無断で利用したり拡散するとトラブルになるので注意しましょう。

長押し

iPhoneでは、写真を長押しします。

タップで「写真」の中に保存される

表示されたメニューの中から「写真を保存」を選びましょう。

特定のユーザーだけにポストを届けるには?

Xでの投稿は、非公開アカウントでないかぎり誰でも見ることができます。しかし、「サークル」機能では、登録している特定のユーザーに限定してツイートを届けることができます。これには投稿先を「サークル」に変更すればOKです。特定のコミュニティだけに情報を発信したい場合に便利な機能です。しかし、今後サークル機能が廃止される可能性があります。その際はDM(93ページ)を活用しましょう。

1 発信先を「サークル」に変更

送信先をタップし、オーディエンスに「サークル」を選択。この際「編集」でメンバーを追加できます(次の手順)。

2 メンバーの確認と追加

手順1で「編集」をタップするとサークルのメンバー確認ができます。メンバーを追加するには「おすすめ」から。

3 サークルに向けて発信

投稿先が「サークル」になっていればOKです。サークルに含まれるユーザーだけが見られるツイートを投稿できます。

ポストにスマホの写真や動画を付けて投稿する

Xは文字に加えて、スマホ内に保存された写真や動画を加えてポストできます。文字だけでは伝わりにくいことや、キレイな風景、面白い映像が撮れた場合などは、それらを添付してポストしてみましょう。手順も簡単で、投稿時に「写真」ボタンをタップして、投稿したい写真や動画を選ぶだけ。写真や動画は最大4点まで投稿でき、写真・動画・GIF画像など、複数のファイルが混じっていても投稿できます。

1 写真ボタンをタップする

投稿画面にある「写真」ボタンをタップしましょう。

2 投稿したい写真を選ぶ

投稿したい写真をタップで選びましょう。選択後は「追加する(Androidでは「●件を追加」)」をタップします。

3 写真付きの投稿が作成される

投稿に写真が添付されます。複数枚選んだ場合はスワイプで次の写真を表示できます。

投稿前に加工もできる

画像を選んだ時に表示される「加工」マークをタップすると、投稿する写真を加工したりエフェクトを加えられます。

ポストへの返信にさらに返信を返す

ポストしていると、フォロワーや投稿に興味を持ったフォローしていないユーザーから返信（@メッセージ）を受け取ることがあります。こうした返信に、

さらに返信を返すこともできます。
これにはまず「通知」をタップして「@ツイート」タブを開きます。自分への返信が表示されるので、さらに返信

を返したいポストの「コメント」ボタンをタップして返信を入力しましょう。なお、返信ポストには写真なども添付することができます。

1 「通知」をタップする

投稿に返信があると「通知」に数が表示されます。そちらをタップしましょう。

2 「コメント」マークをタップ

「@ツイート」タブをタップすると、返信が表示されます。更に返信を返したい投稿の「コメント」マークをタップしましょう。

3 返信内容を入力する

返信内容を入力して「ポスト」をタップしましょう。

4 返信が送信される

タイムラインに返信ポストが投稿されます。相手には同じように返信の通知が届きます。

誤って投稿したポストを削除する

誤字や間違った認識など、投稿後に削除したい場合もあります。こうした時はポストの詳細画面から削除しましょう。ただし、一度削除してしまうと、他人のタイムラインからも消え、元に戻すことはできません。

削除したいポストの「…」ボタンから「ポストを削除」をタップします。

確認画面で「削除」を選べば削除されます。

「通知」に付いている数字が気になる！

「通知」の数字は、未読の通知があることを表しています。「すべて」は「いいね」や「返信（@ツイート）」、フォロワーが増えた時などに送られてくるすべての通知を確認、「@ツイート」は自分宛の返信だけをチェックできます。

「通知」の数字は、通知の数を示しています。タップして開きましょう。

「すべて」「@ツイート」とタブが分かれているので、それぞれを確認しましょう。

ハッシュタグを使って同じ趣味の人に向けて発信する

ペットの話題、天気の話題、トレンドのニュースなど、特定のジャンルの話題を広めたい場合に便利なのが「ハッシュタグ」。これは「#（半角シャープ）」の後ろにキーワードを入力することで、そのキーワードを含むポストを素早く検索できる機能です。例えば「#猫」と入力すれば、猫の情報を集めているアカウントに投稿を知ってもらいやすくなり、交流を広めるのに役立ちます。

1 「#」に続くキーワードを入力する

#に続くキーワードを入力

半角の「#」を入力し、その後ろにハッシュタグにしたいキーワードを入力します。

2 ハッシュタグを連続入力

#猫 #猫写真

連続入力する場合は#の前に半角以上のスペースを開ける

複数のハッシュタグを入力したい場合は、半角以上開けてから再び#を入力します。

3 ハッシュタグをタップして確認

ハッシュタグをタップ

ハッシュタグを含むポストが投稿されます。ハッシュタグ部分をタップしてみましょう。

4 ハッシュタグを含むポストが表示

タップしたハッシュタグを含むポストが表示されます。

「@ツイート」でユーザーを名指しでメッセージを送る

友達に読んでほしいツイートを投稿したのに、気がついてもらえなかった……。ということを防ぐために「@ツイート（メンション）」機能を利用しましょう。文中に@に続いて相手のユーザー名を入力することで、相手を名指ししてポストを届けることができます。一般的な設定では、メンションが届くとXアプリから通知が届くので、多くの場合はこれで相手に気付いてもらえます。

1 「@」の後にユーザー名を入力する

@に続いて相手のユーザー名を入力する

候補から選んでもいい

まずは「@」を入力し、メンションを送りたい相手のアカウント名を入力します。

2 ツイート本文も入力する

メンションの送り先

タップしてポストを送信

メンションに続いてポスト本文を入力し、「ポスト」をタップしましょう。

3 メンションが送られる

相手宛のメンションが送られ、タイムラインに表示されます。

4 送った相手には通知が届く

メンションを送った相手にはメッセージ通知が届きます。

フォロワーへ1対1でDM（ダイレクトメッセージ）を送る

メンションと違いDM（ダイレクトメッセージ）では、非公開で1対1のメッセージをやり取りすることができる機能です。メンションでは指定した相手以外

にもメッセージが読まれてしまうことがありますが、DMでは完全に1対1の対話なので、対話している以外の人物には内容が知られることはありません。

家族や仲の良い友人とプライベートな会話をする場合はこちらを利用しましょう。

1 「DM」ボタンをタップする

下部のアイコンから「DM」ボタンをタップし、「新規DM作成」をタップします。

2 相手の名前を入力する

相手のアカウント名やユーザー名を入力して、候補から選択します。Androidでは「次へ」をタップします。

3 メッセージを入力して送信する

相手に送りたいメッセージを入力して「送信」をタップしましょう。

4 DMのやり取りを行なう

DMはメンションなどと違い、他のユーザーから見られることはありません。プライベートな情報をやり取りする場合に便利です。

「リポスト」で有益なリポストを拡散する！

同じ趣味のユーザーに届きそうな情報価値の大きいポストや、緊急時・災害時などに政府や公共機関から発信された役立つポストなど、他の人にも

知ってほしい有益なポストは「リポスト」してみましょう。ポストを「リポスト」することで、自分のタイムラインにそのまま掲載できるので、自分をフォローして

いるユーザーにもそのリポストが届き、情報を効率よく拡散できます。

1 「リポスト」アイコンをタップ

拡散したいポストを他の人にも知って欲しい場合は「リポスト」ボタンをタップします。

2 「リポスト」をタップする

方法を問われるので、「リポスト」、もしくは「引用リポスト」をタップしましょう。

3 そのまま「リポスト」した場合

「リポスト」した場合は、元のポストがそのまま自分のフォロワーのタイムラインに拡散されます。

4 「引用」した場合

引用リポストした場合はこちら。元のポストの上に自分のコメントを一言添えられます。

気に入ったポストには「いいね」を付けよう!

　タイムラインを眺めていて、気に入ったポストがあったら、ぜひ「いいね」を付けてみましょう。「いいね」を付けるとポストの投稿者に通知が届くため、自分の気持を表すと共に、投稿者にとっても、自分のポストがどれだけ人気になったのか?　という指標にもなります。また「いいね」を付けたポストは後から見直すことができるので、簡易的なポストの保存機能として便利です。

1 「いいね」マークをタップする

「いいね」を付けるには、ポストの下にある「いいね」マークをタップします。

2 「いいね」が付く

ハートが赤く点灯し、「いいね」が付けられたことがわかります。

3 「いいね」したポストを見る

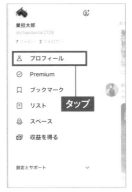

「いいね」したポストを見るにはメニューから「プロフィール」を開きます。

4 「いいね」タブで確認する

プロフィール画面では、「いいね」タブから「いいね」したポストを確認できます。

「おすすめ」や「トレンド」から盛り上がっている話題をチェック

　いまXで話題となっているニュースや、トレンドのキーワードを知りたい場合は「おすすめ」や「トレンド」をチェックしてみましょう。こちらはXの投稿・閲覧データから分析された、話題性の高い情報がリスト化されています。

「おすすめトレンド」を見るには、Xアプリの下部アイコンから「検索」ボタンをタップします。

「おすすめ」タブで、自分に向けた注目の話題が、「トレンド」でハッシュタグを確認できます。

ホットな話題に関連したポストを検索する

　Xでは「検索」ボタンを使って、特定のキーワードを含むポストを検索することができます。この検索機能は、特定のジャンルの話題をキャッチしたい場合にも便利。検索欄にキーワードを入れると、話題性の高いキーワードが上候補に表示されるので、そちらをタップすれば、その時々のトレンドを素早くキャッチできます。

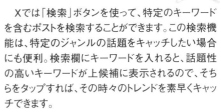

「検索」ボタンをタップして、検索欄に調べたい話題のキーワードを入力します。

キーワードに即したトレンドワードを含むポストを検索できる

入力したキーワードに関連する話題やユーザーが候補で表示されるので、そちらをタップしましょう。

検索結果を対象でさらに絞り込む

前のテクニックで紹介した検索結果から、「話題」「最新」「ユーザー」「画像」「動画」などのジャンルごとにポストを絞り込むこともできます。例えば動画があるポストだけをチェックしたい場合は「動画」をタップしましょう。

キーワード検索した後、「話題」「最新」「ユーザー」など、絞り込みたい対象を選びましょう。

たとえば「動画」をタップすると、動画が掲載されているポストだけが絞り込まれます。

複数のキーワードを含むポストを検索する

検索時のテクニックとして、複数のキーワードを含むポストの検索もできます。たとえば「iPhone 安売り」と半角スペースを挟んで検索することで、「iPhone」と「安売り」の両方の単語を含んだポストを探し出すことができるのです。

「キーワードA（半角スペース）キーワードB」と入力して検索します

キーワードAとキーワードBを両方含むツイートが検索されます。

キーワードに完全一致したものを検索する

検索ではキーワードを一部含む投稿も表示されますが、完全に一致したキーワードを含む投稿だけに限定することも可能です。これにはキーワードを「"（検索キーワード）"」というように検索したい言葉を「""」で挟んで検索しましょう。

「"（検索キーワード）"」というように、検索時に言葉を「""」で挟んで検索しましょう。

検索キーワードに完全一致した投稿だけが絞り込まれます。

日本語のポストのみに絞って検索する

英語のキーワードで検索すると、海外の反応まで検索されてしまいます。日本語のポストのみに絞り込んで検索するには、検索キーワードの最後に「+lang:ja」という言語指定の文字を入れ込みましょう。

日本語に絞り込むには「キーワード（半角スペース）+lang:ja」と入力して検索します。

使用言語を日本語に設定してあるユーザーの投稿だけに絞って検索できます。

知らない人からのダイレクトメッセージを拒否する

Xを利用していると、知らない相手からダイレクトメッセージが届くこともあります。しかし、それらの中には交流を目的としたものだけでなく、スパムと言われる邪魔な広告メッセージや、アカウントの乗っ取りを目的とした悪質なものもあります。こうしたトラブルを未然に防ぐためには、ダイレクトメッセージの受信範囲をフォロワーだけに限定しておくと良いでしょう。広告などに該当するダイレクトメッセージを非表示にする設定も可能です。

1 「設定とプライバシー」をタップする

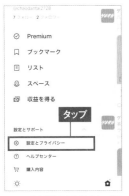

メニューから「設定とサポート」→「設定とプライバシー」をタップします。

2 「プライバシーとセキュリティ」をタップ

設定項目の中から「プライバシーと安全」をタップしましょう。

3 ダイレクトメッセージの受信を見直す

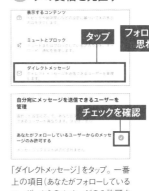

「ダイレクトメッセージ」をタップ。一番上の項目（あなたがフォローしているユーザーからのメッセージのみ許可する）にチェックが入っていればOKです。

4 フィルタリングを利用する

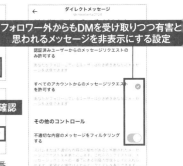

メッセージを受け取りつつ防御したい場合は、フィルタリング機能を使ってもよいでしょう。有害と思われるメッセージを自動で非表示化してくれます。

頻繁に表示されるXからの通知を減らす

Xを利用していると、自分への返信（@メッセージやDM）以外にも、Xからのお知らせとして自分に関係のない内容が通知されることもあります。大事な通知を見逃さないために不要な通知をオフにしておきましょう。

設定メニューから「通知」→「設定」→「プッシュ通知」とタップします。

不要な通知のスイッチをオフにしましょう。

文字サイズを大きくして文字を見やすくする

Xアプリの文字が小さすぎて読みづらい！と感じているなら、文字の表示サイズを変更してみましょう。iPhoneでは「画面表示とサウンド」の設定で、文字サイズを4段階で変更できます。最大まで大きくするとかなり読みやすくなるはずです。

設定メニューを開き、「アクセシビリティ、表示、言語」→「画面表示とサウンド」とタップします。

文字調整のスライダーを右に動かすと文字が大きくなります。

Xにアップロードした連絡先を削除する

　Xはスマホの連絡先をアップロードすることで、連絡先からXを利用しているユーザーを探し出しやすくなります。しかし、逆に相手からも自分のアカウントを知られてしまう可能性もあるので注意しましょう。もし、プライベートの人間関係と、X上での人間関係を切り離したい場合は、「プラバシーとセキュリティ」設定から、アップロードした連絡先を削除しておきましょう。

1 「プライバシーと安全」を開く

Xのメニューから「設定とサポート」→「設定とプライバシー」→「プライバシーと安全」とタップします。

2 「見つけやすさと連絡先」をタップ

設定項目の中から「見つけやすさと連絡先」をタップします。

3 「アドレス帳の連絡先を同期」をオフにする

「アドレス帳の連絡先を同期」をオフにし、「すべての連絡先を削除」をタップします。

4 「はい」をタップする

確認画面が表示されるので「はい」をタップしましょう。

「非公開アカウント」に変更する

　Xへの投稿は、すべての人に公開されるため、時には投稿に気を使うことも……。もし、気の合う仲間だけと連絡を取りたい場合や、信頼できるユーザー限定でポストを公開したい場合は「非公開アカウント」にしましょう。非公開アカウントでは、フォロワー以外は自分のポストを見ることができなくなります。また、フォロワーは自分のポストをリポストすることもできません。

1 「プライバシーとセキュリティ」を開く

Xのメニューから「設定とサポート」→「設定とプライバシー」→「プライバシーと安全」とタップします。

2 非公開アカウントに変更する

「オーディエンスとタグ付け」から「ポストを非公開にする」をオンにしましょう。

3 非公開アカウントになる

アカウントに鍵マークが付き、フォロワー以外にはポスト内容が非公開になります。

自分をフォローしたいユーザーからは、「フォローリクエスト」が届くようになるよ。

非公開アカウントで「フォローリクエスト」に応える

非公開アカウントに設定してある場合、自分を勝手にフォローすることはできず、フォローしようとしたユーザーからは「フォローリクエスト」が届きます。このリクエストに応えるまで、相手は自分をフォローできません。相手のプロフィールや投稿内容を確認してから、フォローの可否を決めましょう。

タップ

タップしてフォローを承認

リクエストに応えるには、メニューから「フォローリクエスト」をタップします。

フォローリクエストを送った相手が表示されます。承認する場合はチェックマークをタップしましょう。

非公開アカウントをフォローする

フォローしたい相手が「非公開アカウント」だった場合、「フォローする」ボタンをタップすると「フォロー許可待ち」となります。相手にフォローリクエストが届き、相手が承認してはじめてフォローすることができます。

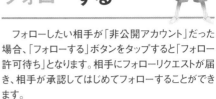

タップ

相手のプロフィール画面で「フォローする」ボタンをタップします。

フォローリクエストが送信され、「フォロー許可待ち」状態になります。相手が承認すればフォローできます。

電話番号やメールアドレスから見つけられるのを防ぐ

Xでは電話番号やメールアドレスを登録することで、連絡先を知っているユーザーから見つけやすくなります。しかし、匿名でXを利用したい場合はこの機能は邪魔になることもあるので、自分が見つからないように対策しておきましょう。「プライバシーと安全」設定から「見つけやすさと連絡先」の設定を見直すことで、照合機能を無効化できます。また「97ページ」で解説している、連絡先の削除も行なっておくと良いでしょう。

1 「プライバシーと安全」を開く

タップ

Xのメニューから「設定とサポート」→「設定とプライバシー」→「プライバシーと安全」とタップします。

2 「見つけやすさと連絡先」をタップ

タップ

設定項目の中から「見つけやすさと連絡先」をタップします。

3 メールと連絡先の照合をオフにする

オフにする

「メールアドレスの照合と通知を許可する」「電話番号の照合と通知を許可する」をそれぞれオフにしましょう。

匿名でXを利用したい場合は忘れずにオフにしよう。

Xアカウントの削除方法を知っておこう

何らかの事情や、コミュニケーションに疲れてしまった場合、もしくは自分に合わないと感じたら、Xから離れるのも手段の一つです。この際、長期にアカウントを残したまま放置しておくと、スパムメールを送られたり、アカウントを乗っ取られて迷惑ポストを投稿されるといったリスクもあるため、完全に利用しないのであれば、アカウントを削除して、退会しておく方が安全です。

アカウントの削除は「設定とプライバシー」から「アカウント」をタップして開き、「アカウントを削除する」から削除できます。アカウントを削除すると、これまでの投稿は閲覧できなくなります。なお、アカウントを削除しても30日以内まではXに再ログインするだけで、アカウントを復活できます。削除に後悔したり、問題が解決したら復活も手段として残されています。

1 「設定とプライバシー」をタップする

プロフィールアイコンからメニューを開き、「設定とサポート」→「設定とプライバシー」をタップします。

2 「アカウント」をタップする

設定項目の中から「アカウント」をタップします。

3 「アカウントを削除」をタップ

「アカウントを停止する」をタップ。次の画面では、画面一番下の「アカウント削除」をタップします。

4 パスワードを入力する

アカウントのパスワードを入力して「アカウント削除」をタップしましょう。

5 アカウント削除の最終確認

確認画面が表示されます。削除しても構わないなら「削除する」をタップしましょう。

再ログインでアカウントの復活

アカウントの削除後、30日以内であればアカウントの復活ができます。Xアプリを起動して「ログイン」または登録から、ユーザー名とパスワードを入力して再度ログインすればOKです。

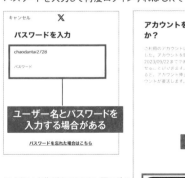

ユーザー名とパスワードを入力する場合がある

アカウントを復活させるには、再ログインして「復活させる」をタップしましょう。

復活にはユーザー名とパスワードが必要です。事前にメモしておきましょう。

Twitter→Xになってこんなに変わってしまった！

Xはつい最近まで「Twitter」と呼ばれていたサービス。経営者が変わったことで、サービス全体の刷新が進み、これまでのTwitterと比べると機能に変更があり、SNSのビジョンも変更されました。Xは何でもできるスーパーアプリにするという方針が宣言されているため、今後も大きな変化が予想されますが、現段階までのわかっている変更点をまとめてみました。

投稿に閲覧数制限が追加された！

1日に表示できる件数が限られる

以前はほぼ無制限に投稿（ポスト）を閲覧したり届けることができましたが、Xになってからこの取得できるポストの数に制限が追加。1日に1,000件までしか見られなくなりました。

また、作成されたばかりのアカウントでは1日500件までとなっています。ただし、これらの件数は今後変更される可能性もあります。

閲覧数制限（今後変更の可能性あり）
○1,000件まで/日（無料アカウント）
○1万件まで/日（有料アカウント）
○500件まで/日（新規アカウント）

一般的なユーザーにはほとんど影響ありません。しかし、ビジネスなどでTwitterを告知手段として利用しているユーザーにとっては、使いにくくなってしまいました。

DM（ダイレクトメッセージ）に制限が追加された

誰にでも送れなくなった

DMの送信ルールが変更されました。フォロワー間ではDMを送れますが、フォロワー以外へDMを送るには、まず相手にメッセージリクエストを送信し、相手がリクエストを承認する必要があります。

また、ユーザーの設定によっては、リクエストの受信を「認証済みアカウント」に限定したり、リクエストを受け取らない設定も可能です。

送信数に制限が追加

1日あたりに送れるDMの数に制限が設けられました。常にDMで連絡を取り合っている場合には不便ですが、この制限は大量にDMを送るスパム（迷惑DM）対策にもなっているようです。

フォロー外からのメッセージリクエストを受け取る範囲を変更できる

DMのリクエストの設定は、DMの画面を開いて右上のギアアイコンをタップすることで表示できます。

不適切なメッセージをフィルタリング（非表示）にする機能もあるので、活用しましょう！

認証済み（プレミアム）アカウントだけで可能になる機能は？

プレミアムアカウントとは

Twitterで「Twitter Blue」と呼ばれていた有料アカウントはXでも健在です。有料アカウントに登録することで、ポストの文字数制限が大幅に拡張されたり、長時間の動画を投稿できるようになったり、ポストの編集も可能。閲覧に関しても、広告の表示数が減るなど、さらに快適にXを利用できるようになります。

また、自分の投稿が「おすすめ」に表示される優先度などにも影響があるので、より多くの人に自分の意見や主張を届けたいなら、有料アカウントの方が有利になりそうです。

■Xプレミアム・PCの場合
月額：980円
年額：1万280円

■iPhone/Androidスマホからの場合
月額：1,380円
年額：1万4300円

Xプレミアムで可能になること

- 会話と検索での優先順位が上がる
- 広告の表示数が約半分へ下がる
- 投稿で太字や斜体を使うことができる
- 長い動画や1080pの動画をアップロードできる
- 長さが最大25,000文字の投稿、返信、引用を作成できる
- 60分以内であれば投稿を5回まで編集できる
- 所有しているNFT（署名付きデジタルデータ）をプロフィール画像に設定できる

有料のPremiumアカウントになるには、左のメニューから「Premium」をタップ。課金プランを選んで購入します。なお、スマホからの課金よりもPCからの課金の方がお得です。

収益を得ることもできる

プレミアムアカウントでは、ポストの表示数に応じてインセンティブ（報酬）をリクエストすることができます。この収益のしくみは最近登場したばかりですが、投稿の表示数が多いアカウントでは、ちょっとしたお小遣い稼ぎにもなるようです。

なお、参加条件は「フォロワー500人以上」、「ポストが見られた数が1500万以上（直近3か月）」、「18歳以上」となっています。

> バズりしだいでは月額料金を超える収入があるかも？

そのほかの最近の変更点は？

投稿内容によって評価が変わる？

投稿のインプレッションが増える（他のユーザーのタイムラインに表示されて、多く見られる）ための仕組みも、大きく変わったようです。Xから評価されるポイントとしては、トレンドのキーワードを含むポストや、動画を含むポストなどは有利となります。また、いいねやリポストよりもリプライ（返信）が多いポストの方が評価が高くなると予想されています。

> トレンドワードは評価が高くなる？

トレンドキーワードをチェックして、関連する話題を提供してみましょう。価値のある投稿内容はより長い時間、おすすめに表示されるようです。

> 文字よりも動画が強い？

テキストや画像よりも、動画の評価が高いようです。注目されたいなら、積極的に動画を投稿してみましょう！

Instagra

写真や動画を完全に主体としているSNSが「Instagram」です。友達の投稿した写真、動画はもちろん、タレントや芸人、海外の役者、ミュージシャンなどの投稿した美しい写真も楽しめます。投稿の際にはとても操作性のよい画像レタッチツールで写真や動画を加工でき、手軽にカッコよい写真を作成できます。ビジュアルありきなので、X（元Twitter）のように政治的な投稿ばかりが目立つ……ということがなく、安定した気分で楽しめるところは大きなポイントでしょう。

ほかのSNSに比べて、キレイな写真や動画が多いから気分が高揚するわ！

慣れてきたらハッシュタグで自分の趣味の写真を探すのが楽しいわよ！

Instagramの画面はこんな感じ!

おかしいな……
僕の傑作写真なのに。
もっとリアクションが
あってもいいはず。

ホーム画面

❶ 通知……自分の投稿に「いいね」やコメントがあったときに通知されます。
❷ ダイレクトメッセージ……一対一のメッセージをやり取りしたいときに利用します。
❸ フィード……自分や他人の投稿が流れていきます。
❹ ホーム……ホーム画面を表示します。
❺ 検索……ユーザーやハッシュタグなどを検索します。
❻ 投稿……写真を投稿するときはこのボタンから進めます。
❼ リール……「リール」と呼ばれる最大90秒間の動画を視聴できます。
❽ プロフィール……自分のプロフィール画面の表示、編集ができます。

写真編集画面

❶ 自動調整機能……Luxと呼ばれる写真の自動調整機能です。
❷ 音楽……好みの音楽をつけることができます。
❸ 進む……次の編集工程に進みます。
❹ 写真編集画面……編集中の写真が表示されます。
❺ フィルター一覧……写真を彩るフィルターが表示されます。
❻ フィルタータブ……フィルターの強さを調整できます。
❼ 編集タブ……傾きや明るさ、コントラストなどの調整が可能です。

インスタを
やってると
写真とるのが
楽しくなるね!

Instagram

Instagramでは何ができるの？

写真や動画を通してさまざまな人とつながります！

Instagramは写真や動画を媒介にしてユーザーとの交流を促進するソーシャルネットワークサービスです。X（元Twitter）と同じく気軽にアカウントを作成して、まったく見知らぬ他人でもフォローして交流することが推奨されるオープン性の高さが特徴です。

しかし、Xと決定的に異なるのは投稿する際は写真や動画のアップロードが必須でテキストはあくまでアップロードする画像に対する説明文となります。言葉で何かを発信するのが難しいというユーザーは身近な食べ物や自然を撮影してコミュニケーションをするといいでしょう。

コミュニケーション方法はほかのSNSと同じで、投稿に対して「いいね!」やコメントを付けるのが一般的です。ほかに、フォローすると写真や動画の投稿が24時間後に自動で消えるストーリーズやエフェクトや音楽を付けて楽しむリール動画も人気です。

Instagramでできること

1 写真や動画をアップしてほかのユーザーと交流する

テキストはなくてもよい!

テキストのみ投稿することはできず写真や動画を中心に投稿するのが Instagram とほかのサービスとの違いです。

2 豊富なレタッチ機能

レタッチツールを選んで加工できる

写真が主体となるサービスだけあってレタッチ機能が豊富です。10種類のレタッチ機能と複数のフィルタを使って細かく加工できます。

3 ほかのユーザーとの交流が活発

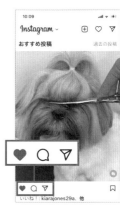

アップロードされた写真には「いいね」やコメントを付けて交流ができます。ダイレクトメッセージを送信することもできます。

4 写真の検索性も高い

検索時はタグをうまく使おう

Instagram は投稿された写真を検索する機能も優れています。ハッシュタグを利用することで目的の写真が簡単に見つかります。

5 ショート動画も楽しめる

最大90秒のショート動画機能「リール動画」も楽しい機能です。音楽やエフェクトをつけることができます。

写真やTikTokのような動画を中心に楽しみたい人にはベスト!

Instagramの アカウントを取得しよう

電話番号かメールアドレスが必要になる

　Instagramを利用するにはアカウントを取得する必要があります。Instagramは基本的にはスマホ専用のアプリのためスマホからアカウントを取得します。まずはiPhoneなら「App Store」、Androidなら「Playストア」からInstagramのアプリをダウンロードしましょう。

　アカウントを取得する際は、電話番号かメールア

ドレスが必要となります。電話番号やメールアドレスを入力すると認証コードが送られてくるのでそれを入力し、ユーザーネームを設定すれば登録完了となります。

　また、InstagramはFacebookのグループ会社ということもありFacebookアカウントがあれば、簡単にInstagramのアカウントを作成できます。

Instagramのアカウントを取得しよう

1 新しいアカウントを作成する

Instagramを起動したら、画面下にある「新しいアカウントを作成」をタップします。

2 名前を入力する

Instagramのプロフィールに表示する名前を設定しましょう。あとで変更することもできます。

3 パスワードを設定する

ログインパスワードを設定しましょう。6文字以上の文字または数字を組み合わせましょう。

4 生年月日を入力する

生年月日を指定します。この情報は外部ユーザーに表示されることはありません。

Facebookアカウントで作成する

すでにFacebookをインストールして使っている場合は、ブラウザでInstagramにアクセスして「ログイン」下に表示されるFacebookのアカウント名をタップしましょう。

5 ユーザーネームを作成する

ユーザーネームを作成します。名前と異なり同一のユーザーネームはInstagram上には存在できません。

6 携帯電話番号を入力する

携帯電話番号を入力します。セキュリティやログインに関するSMS通知が届く携帯電話番号を入力しましょう。

7 コードを入力する

入力した携帯電話番号に認証コードが送られてくるので、コードを入力しましょう。Instagramのアカウント作成が完了します。

Instagram

プロフィール写真を設定しよう

アカウントを取得した初期状態ではプロフィール写真は真っ白な人形アイコンになっています。プロフィール写真を設定しましょう。メニュー右端にあるアイコンをタップするとプロフィール画面が表示されます。人形のアイコンをタップするとプロフィール写真を設定できます。その場でカメラ撮影した写真のほか端末に保存している写真、またFacebookやTwitterで利用しているプロフィール写真も設定することができます。

1 プロフィール画面を開く

下部メニュー右端にある人形アイコンをタップします。「プロフィールを編集」をタッ′プします。

2 インポート方法を選択する

プロフィール編集画面で「プロフィール写真を変更」をタップします。

3 プロフィール写真を選択する

端末内の写真をプロフィール写真に設定するには「ライブラリから選択」をタップします。

4 レタッチする

レタッチツールを使ってトリミングや色彩の調整をしましょう。調整後「完了」をタップすればプロフィール写真に設定できます。

自己紹介の文章を入力しよう

プロフィール写真を設定したら続けて自己紹介文を書きましょう。プロフィール画面にある「プロフィールを編集」をタップしましょう。「自己紹介」欄に自分の自己紹介文を150文字以内でテキスト入力しましょう。URLを1つだけリンク設定することができるので、ブログやホームページを持っている人はリンクさせておくといいでしょう。名前やユーザーネームの変更はこの画面からいつでも行えます。

1 「プロフィールを編集」をタップ

下部メニュー右端にある人形アイコンをタップします。「プロフィールを編集」をタップします。

2 「自己紹介」をタップ

プロフィール画面が表示されます。「自己紹介」をタップします。入力フォームが表示されるので自己紹介文を入力しましょう。

3 「自己紹介」を完了する

プロフィール画面に戻ったら右上の完了ボタンをタップすればプロフィールは完了します。

名前とユーザーネームの違いは

Instagramにはアカウント名を表示するものとして「名前」と「ユーザーネーム」が2つ用意されています。ユーザーネームはログイン時にパスワードと一緒に入力するもので、ほかのユーザーと同一になることはありません。

名前とユーザーネームともに「プロフィールを編集」画面で編集できます。

友だちや家族をフォローしよう

Instagramで友だちを追加するとタイムラインに友だちがアップロードした写真が流れるようになります。身近な友だちを追加する最も簡単な方法は連絡先を同期する方法です。登録しているユーザーがInstagramを使っていれば、自動的にInstagramに名前が表示されるので追加しましょう。また、Facebookと連携していればFacebookの友だちリストを参照してユーザーを探すこともできます。

1 プロフィール画面を開く

下部メニュー右端のプロフィールタブを開きます。

2 「フォローする人を見つけよう」をタップ

中央に表示されている。「フォローする人を見つけよう」をタップします。

3 連絡先を登録する

「連絡先をリンク」をタップしましょう。連絡先内の情報がInstagramにアップロードされます。

4 フォローする

連絡先内の情報と合致するInstagramユーザーを一覧表示してくれます。知っているユーザーがいればフォローしましょう。

検索やおすすめから気になるユーザーを探す

連絡先に登録している知り合い以外のユーザーをInstagramでフォローしたい場合は検索機能を利用しましょう。画面下部に設置されている検索タブをタップしてユーザー名やキーワードを入力すると、関連するユーザーが表示されます。気になったユーザーがいればプロフィールを確認してフォローするといいでしょう。また、検索結果画面上部のメニューにあるタグや場所からユーザーを絞り込むことができます。

1 検索ボックスに名前を入力

名前を入力してユーザーを探す場合は、検索ボックスをタップして名前を入力し、「アカウント」タブをタップします。

2 プロフィールを確認してフォロー

気になる相手のプロフィール画面を開きます。フォローする場合は「フォロー」をタップしましょう。

3 関心事でユーザーを探す

名前だけでなく、関心事や趣味などさまざまな検索ワードを使ってユーザーを探すこともできます。

4 リール動画で探す

上部メニューの「リール動画」をタップすると動画だけが検索結果に表示されます。動画好きな人におすすめです。

Instagram

非公開ユーザーの投稿を見るにはどうすれば？

　Instagramのユーザーの中には投稿を非公開にしている人もいます。投稿を閲覧したい場合は自分からフォローリクエストを送ってみましょう。相手が承認すれば閲覧したり、いいね！をつけたり、コメントすることができます。非承認の場合はあきらめるしかありません。

非公開アカウントにアクセスしたら「フォロー」ボタンをタップします。

フォローリクエストが送信され、白色状態になります。相手が承認すると内容が閲覧できるようになります。

自分をフォローしている人を確認したい

　他人から自分がフォローされることもあります。自分が誰にフォローされているか確認するにはプロフィール画面を開いて「フォロワー」をタップしましょう。自分もフォローしているユーザーは「フォロー中」、していないユーザーは「フォロー」ボタンが表示されます。

右下のアイコンをタップしてプロフィール画面を表示させます。「フォロワー」をタップします。

フォロワーが一覧表示されます。「フォロー」は自分がフォローしていないユーザーです。「フォロー中」は自分もフォローしています。

フォローされた相手を外すには？

　フォロワーの中には投稿するたびに不快になるコメントを残すユーザーも人もいます。そんなユーザーは「ブロック」しましょう。ブロックした相手からは、自分のプロフィール、投稿、ストーリーなどが閲覧できなくなります。なお、ブロックされたことは相手には通知されません。

ブロックしたい相手のプロフィール画面を表示し、右上の「…」をタップします。

メニュー画面が表示されます。「ブロック」をタップしましょう。相手はブロックされます。

Instagramから好みの写真を探し出すには

　フォローしている人が投稿した以外の写真を見たい場合は検索ボックスを利用しましょう。検索ボックスにキーワードを入力して「タグ」タブをクリックします。キーワードに該当する写真が一覧表示されます。

検索ボックスにキーワードを入力します。メニューから「タグ」をタップしましょう。

Instagram上からキーワードに該当する写真が抽出され一覧表示されます。

特定の場所の写真を検索する

　有名スポットの写真を見たい場合は検索ボックスにスポット名を入力後、上部メニューで「場所」を選択しましょう。表示されたスポット名から適当なものを選択するとその場所の写真だけでなく、マップや住所情報も表示されます。

検索キーワード入力後、「場所」をタップします。関連するスポット名が一覧表示されるので、適当なものをタップします。

そのスポットに関する写真とともにマップ情報も表示されます。マップをタップするとGoogleマップを開くことができます。

お気に入りの写真に「いいね!」をつけよう

　フォローしたユーザーが投稿する写真の中で気に入ったものがあった場合は「いいね!」付けてみましょう。Instagram上での基本的なコミュニケーション方法で、「いいね!」を付けると相手に自分がアクションしたことが通知されます。

「いいね!」をつけるには写真左下にある白色のハートアイコンをタップしましょう。

白いハートアイコンが赤いハートアイコンに変化します。

気になる写真にコメントを付けたい

　「いいね!」以外のコミュニケーションにコメントが用意されています。直接テキストでコミュニケーションしたい場合はコメントを付けてみましょう。Instagramではあまりコメントに対する返信を期待せず、軽い感想程度にとどめるのがいいでしょう。

コメントを付けるには写真左下のフキダシアイコンをタップします。文字入力ウインドウが表示されるのでコメントを入力しましょう。

写真の下にコメントが追加されます。

付けたコメントを削除したい

　もし、場違いなコメントをしてしまい削除したくなった場合は付けたコメントをタップします。コメントの詳細画面が表示されたらiPhoneの場合はコメントを左へスワイプして削除ボタンをタップしましょう。Androidの場合は長押しして削除ボタンをタップしましょう。

削除したい自分のコメントをタップします。

iPhoneの場合は左へスワイプ、Androidの場合は長押しして表示される削除ボタンをタップしましょう。

Instagram

「アクティビティ」画面の使い方は!?

フォロワーの数が多くなってくると、投稿した写真に「いいね」されたり、コメントを付けられる頻度も多くなり、誰がどの投稿にどういうリアクションをしたかわからなくなってきます。フォロワ

ーが自分に対して行った反応を確認するには、上部メニューの右から2番目にある「アクティビティ」を開きましょう。ここで、フォロワーが行ったリアクションを一覧表示できます。

なお、アクティビティ画面からコメントを付けたフォロワーに対して直接コメントを返信することもできます。

1 通知をチェックする

フォロワーからのリアクションがあると、上部のアクティビティに通知マークが表示されます。

2 リアクションの詳細を表示

誰がどの投稿にどのようなリアクションをしたのかを一覧表示できます。未読のものは「NEW」欄に表示されます。

3 自分が起こしたアクティビティを確認する

過去の自分のコメントやいいねを確認したい場合は、プロフィール画面を開き、メニューボタンをタップします。

4 アクティビティを開く

「アクティビティ」を開き、「インタラクション」で過去にほかのユーザーに対して行ったコメントやいいねの管理ができます。

気にいった写真はブックマークに保存

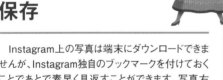

Instagram上の写真は端末にダウンロードできませんが、Instagram独自のブックマークを付けておくことであとで素早く見返すことができます。写真右下にあるブックマークボタンをタップすれば、ブックマーク登録できます。

写真右下にあるブックマークボタンをタップしましょう。これでブックマークに保存完了です。

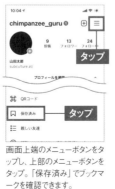

画面上端のメニューボタンをタップし、上部のメニューボタンをタップ。「保存済み」でブックマークを確認できます。

ブックマークに保存した写真を整理したい

ブックマークに保存した写真はアルバムのようにカテゴリ分類することができます。風景、人物、動物など保存した内容ごとにカテゴリ分類しましょう。ブックマーク画面右上にある「＋」をタップすると新しいアルバムが作成されるので、保存する写真を選択しましょう。

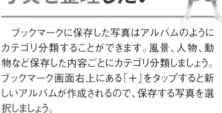

保存した写真をカテゴリ分類するには、ブックマークを開き右上の「＋」をタップします。

新規コレクション画面が表示されます。カテゴリ名を付けて「次へ」をタップします。保存する写真にチェックを入れて「完了」をタップしましょう。

フィードに写真を投稿してみましょう

　フォローしたユーザーの写真を閲覧するだけでなく自分でも写真を投稿してみましょう。写真を投稿するには画面上部にある追加ボタンをタップします。保存している写真を投稿する場合は「投稿する」を選択します。スマホ内に保存している写真が表示されるので、投稿したい写真を選択しましょう。添付する写真に対してキャプションを入力することができます。写真に対して何か説明文を付けたい場合は入力しましょう。なくても問題はありません。

1 追加ボタンをタップ

写真を投稿するには画面上部の「+」ボタンをタップします。メニューから「投稿する」を選択します。

2 写真を選択する

投稿する写真を選択して、右上の「次へ」をタップしましょう。複数の写真を選ぶこともできます

3 キャプションを入力する

写真に説明文を入力しましょう。入力後、右上の「OK」をタップします。続いて「シェア」をタップします。

4 写真がフィードに表示される

写真がアップロードされしばらくするとフィードに写真が表示されます。

フィルタを使って写真を雰囲気を変える

　Instagramにはあらかじめ多数のフィルタが用意されています。フィルタを利用することで手持ちの写真を雰囲気のある写真に簡単にレタッチして投稿することができます。用意されているフィルタの種類は約20種類。全体的に色味をおさえるものや、逆に色味を強調するもの、青、緑、ピンクなどの特定のカラーの色味を強くしたものなどさまざまです。インスタ映えする写真を作るなら積極的に活用しましょう。

1 フィルタ選択画面
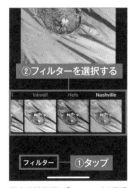
写真投稿画面で「フィルター」を選択します。フィルターが表示されるので選択してみましょう。

2 フィルタをかけた状態

フィルターを選択すると写真にそのフィルターがかけられます。フィルターをもう一度タップしましょう。

3 強度を調整する

スライダーを左右に調節してフィルターの強度をカスタマイズしましょう。

フィルタの場所を移動する
よく使うフィルタは手前の方に配置しておきましょう。フィルタを長押して左右にドラッグすると位置を変更することができます。

Instagram

旅行などの写真をまとめて投稿したい

　Instagramでは複数の写真を1つの投稿にまとめてアップロードすることができます。写真選択画面で写真を選択したあとに表示される「複数を選択」をタップし、ほかの写真を選択しましょう。最大10枚まで同時に投稿できます。

タップ

チェックを付ける

写真選択画面で写真を選択したあと「複数を選択」をタップします。

写真を複数選択できる状態になるので、アップロードする写真にチェックを入れていきましょう。

傾いた写真や暗い写真を補正したい

　アップロードしたい写真が傾いていたり、暗くて見づらい場合はInstagramに内蔵している補正機能を使いましょう。写真をアップロードする前に傾き、明るさ、コントラスト、色調などのレタッチができます。通常のレタッチアプリより使い勝手もよいです。

タップ

タップ

写真選択後に表示される画面で「編集」をタップします。レタッチメニューが表示されます。傾きを調整したい場合は「調整」をタップします。

左右にドラッグ

タップ

スライダーを左右にドラッグして傾きを調整しましょう。調節が終わったから「完了」をタップしましょう。

動画もアップロードできる

　Instagramは写真だけでなく動画も投稿することができます。ただし、投稿できる動画の時間の長さは、最大15分という範囲内で決められており、15分以上ある動画は調節バーを使って範囲指定してトリミングを行う必要があります。また、写真と同じくフィルターを使って色調を自動で補正することができます。その場でカメラを起動して動画撮影してアップロードすることもできます。その場合は、写真選択画面で「動画」を選択しましょう。

1 アップロードする動画を選択する

保存している動画の場合はこちらをタップ

ビデオ

カメラ撮影する場合はこちらをタップ

スマホに保存している動画を選ぶ場合は「ライブラリ」を、カメラ撮影する場合は「カメラ」を選択します。

2 15分以内に収める

タップ

トリミング　次へ

ドラッグして範囲指定

動画は15分以内に「トリミング」で収める必要があります。表示されるフレームをドラッグしてアップロードする範囲を指定しましょう。

3 カバーを指定する

カバーを指定する

タップ　シェア

「カバー」から投稿したあとにカバー表示させるシーンを指定、動画に対する説明を入力して「シェア」をタップしましょう。

現状では普通に動画を投稿するとリール動画扱いになるよ。画像と一緒に投稿すれば、従来通りの投稿ができる！

※リール動画については120ページを参照

下書き保存してあとで投稿できる

写真レタッチ中にふとスマホをしまわなければいけなくなるときがあります。編集の途中で作業を中断する場合は下書き保存しましょう。下書きを保存するには写真編集画面で戻るボタンをタップされると表示されるメニューで「下書き保存」をタップしましょう。再開する場合は、写真選択画面の上部に新たに追加される「下書き」から、下書き保存した写真を選択しましょう。写真だけでなく動画編集も下書き保存されます。

1 写真の編集中に戻るボタンをタップ

一時保存するには「レタッチ」や「編集」など写真を編集しているときに、左上にある戻るボタンをタップします。

2 「下書きを保存」をタップ

メニューが表示されます。「下書き保存」をタップしましょう。

3 下書き保存したファイルを開く

①「下書き」をタップ
②タップ

写真選択画面の真ん中に追加される「下書き」という項目をタップしましょう。目的の写真をタップ選択して「次へ」をタップします。

4 「編集」をタップする

キャプション編集画面が表示されます。「編集」をタップすれば、編集画面が表示され最後にレタッチした場所からレタッチを続けることができます。

モノや人にタグを付けて交流を促進する

アップロードする写真内容とフォローしているユーザーが関係している場合、写真の好きな位置にそのユーザー名を「タグ」付けしてみましょう。アップロードした写真にタグ付けしたユーザー名が表示されるようになります。フォロワーにそのユーザーとの交友関係をアピールできるだけでなく、タグをタップすればそのユーザーのプロフィールが開くので、宣伝などにも有効です。

1 タグ付けをする

タップ

新規投稿画面のキャプションを入力する画面で「タグ付け」をタップします。

2 ユーザーを指定する

ユーザー名を入力する
ユーザーを選択する

写真をタップし、ユーザー名を検索ボックスに入力して、検索結果からタグ付けするユーザーを選択しましょう。

3 タグを付けられる

タップ
タグが付く

写真にタグを付けます。「完了」をタップしましょう。

4 タグ付き写真がアップロードされる

タップ

タグ付き写真がアップロードされます。タグをタップするとそのユーザーのプロフィール画面が開きます。

Instagram

ハッシュタグを付けて同じ趣味の友だちを見つけよう

アップロードする写真をフォロワーだけでなく、Instagram 上のユーザー全体に見てもらいたいならハッシュタグの活用は欠かせません。ハッシュタグとは半角の「#」とキーワードで構成された文字列のことです。キャプションにハッシュタグを追加することで、同じハッシュタグが付けられているほかのユーザーの写真が一覧表示されます。同じ趣味を持つユーザーを見つけるのに便利です。興味のあるハッシュタグをフォローすることもできます。

1 「キャプション」をタップ

ハッシュタグを複数付ければ閲覧ユーザーも増える!

タップ

「#」とキーワードを入力

ハッシュタグ候補を選択

新規投稿画面でキャプションをタップします。入力欄に「#」とキーワードを入力するとハッシュタグの候補が表示され、適切なものを選択するとハッシュタグが付けられます。

2 ハッシュタグをタップ

タップ

アップロードした写真の下にハッシュタグが追加されます。ハッシュタグをタップしてみましょう。

3 ハッシュタグに関する写真が表示される

ハッシュタグが付けられたほかの Instagram ユーザーの写真がサムネイル形式で一覧表示されます。タップすると写真の詳細を確認できます。

写真に位置情報を追加する

写真の場所の情報を Instagram に掲載したい場合、ハッシュタグを付けるほかに位置情報を付ける方法もあります。投稿画面で「場所を追加」に表示されているスポットを選択すればOKです。もし該当するスポットがない場合は検索ボックスでキーワードを入力して探しましょう。位置情報の付けられた投稿写真をタップすると、マップ画面とともにその位置に関する写真がサムネイルで一覧表示されます。

1 位置情報を追加する

タップ

スポットを選択

投稿画面の「場所を追加」の下に記載されているスポットから適当なものをタップします。位置情報が追加されます。

2 検索で位置情報を探す

キーワードを入力

該当するスポットがない場合、「場所を追加」をタップします。検索ボックスが表示されるのでキーワードを入力してスポットを探しましょう。

3 スポット名をタップ

タップ

投稿した写真の上に追加したスポット名が表示されます。クリックしましょう。

4 マップが表示される

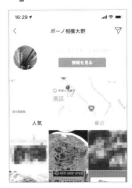

マップ画面とともに追加したスポットに関する写真がサムネイル表示されます。

写真の位置情報を削除したい

　投稿画面で位置情報を設定しないかぎり写真に位置情報が追加されることはありませんが、誤って付けてしまった場合は個人情報の問題もあり危険なため削除しましょう。投稿した写真の編集画面で位置情報を削除できます。

投稿した画面右上のメニューボタンをタップし「編集する」をタップします。

「位置情報を削除」をタップしましょう。あとは右上にある「完了」をタップすれば削除完了です。

投稿した写真を削除したい

　誤ってInstagramに投稿した写真や、削除したい写真は、投稿後に写真右上にある編集メニューから「削除」をタップすれば削除できます。ただし、写真についた「いいね!」やコメントなども削除され、元に戻すことができなくなります。

削除したい写真の右上にある「…」をタップして、「削除」をタップします。

「削除」をタップすると削除されます。「アーカイブ」を選択すると他人には見えない状態にできます。

投稿した写真の情報を編集したい

　ハッシュタグ追加や位置情報の追加など投稿した写真の情報をあとから変更したい場合は、投稿後の写真メニューから「編集」をタップしましょう。編集画面に切り替わります。位置情報、タグ付け、テキストの編集が行えます。写真の編集はできません。

投稿後の写真右上にある「…」をタップして「編集」をタップします。

編集画面が表示されます。タグ付け、位置情報、代替テキストの編集などが行なえます。

フィードの写真をストーリーズに追加する

　フィードに投稿した写真をストーリーズに追加することもできます。できるだけ他人に見てもらいたいお気に入りの写真はストーリーズに追加するのもいいでしょう。また、ほかのユーザーが投稿した写真もストーリーズに追加することができます。

フィード上にある写真の下にある送信ボタンをタップします。

メニューが表示されます。「ストーリーに追加」をタップしましょう。

Instagram

フォローしている人だけの通知を受け取りたい

アクティビティ画面の初期状態は、フォローしている人だけでなくインスタグラムユーザー全員の自分に対するリアクションが通知アクティビティに通知されます。重要な友だちのリアクションだけ通知させたい場合はお知らせ設定をカスタマイズしましょう。設定画面の「お知らせ」でフォローしているユーザーからのリアクションだけ通知させるようにできます。プッシュ通知のオン・オフ設定も「お知らせ」でカスタマイズすることができます。

1 通知設定をカスタマイズ

アクティビティの通知を絞りたい場合はメニュー画面から「設定とプライバシー」をタップし、「お知らせ」をタップします。

2 お知らせ設定画面

「いいね！」やコメントの通知設定をするには、お知らせ設定画面の「投稿、ストーリーズ、コメント」をタップします。

3 フォロー中の人だけにする

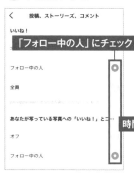

「フォロー中の人」にチェック

各項目の通知設定を「フォロー中の人」に変更しましょう。フォロー外のユーザーからの通知は届かなくなります。

4 プッシュ通知をすべて停止する

有効にする

時間を指定する

また、プッシュ通知を一時的にすべて停止する場合は、お知らせ設定画面で「すべて停止」を有効にして停止する時間を指定しましょう。

ストーリーズに写真を投稿してみよう

Instagramのフィード上部にはストーリーズと呼ばれるコンテンツが表示されます。ストーリーズをタップすると、そのユーザーがアップした写真やショートムービーが再生されます。ストーリーズにアップロードした写真や動画は24時間経つと自動的に削除されるのが特徴で、ライブ的要素が強く、今目の前で起きていることをフォロワーに伝えたいときに主に利用します。また、写真投稿と異なりストーリーズでは閲覧したユーザー名を確認できるのも特徴です。

1 ストーリーズを作成しよう

タップ

タップ（長押しで動画）

ストーリーズを作成するには左上のアイコンをタップします。カメラが起動するのでシャッターボタンをタップして撮影します。

2 ツールを使って加工する

ツールを選択して加工する

撮影した写真は上部に表示されるツールを使ってスタンプを挿入したり、手書き文字を挿入したりできます。

3 ストーリーズにアップロード

タップ

タップ

元の画面に戻り右下の「送信先」をタップ。「ストーリーズ」横の「シェア」をタップするとアップロードされます。

他のユーザーのストーリーズを閲覧すると、相手に閲覧していることが分かるので注意しよう。

フォローしているユーザーのストーリーズを見よう

フォローしているユーザーがアップロードするストーリーズを見るには相手のプロフィール画面に直接アクセスして視聴するほか、ホーム画面上部に表示されるアイコンをタップする方法があります。未視聴のストーリーズはアイコンの周りにカラーが付き、視聴済みのストーリーズはグレーになります。なお、フォローしていないユーザーでも直接プロフィール画面にアクセスすれば視聴できます。

1 ホーム画面から ストーリーズを再生

フォロー中のユーザーがストーリーズを投稿すると、ホーム画面上部にユーザーアイコンが表示されるのでタップします。

2 ストーリーズが 再生される

過去24時間以内にアップロードされたユーザーのストーリーズが再生されます。再生済みのストーリーズはアイコン周りがグレーに変化します。

3 プロフィール画面 から再生する

相手のプロフィール画面のアイコンをタップしても再生できます。フォローしていないユーザーの場合はプロフィール画面から再生しましょう。

投稿後24時間でストーリーズは消えるので見逃し注意！

特定の人にストーリーズを表示させないようにする

ストーリーズは標準では誰でも閲覧できる状態になっていますが、特定のフォロワーには表示させないようにもできます。「プライバシー」から「ストーリーズ」画面を開きましょう。ここではストーリーズに関するさまざまな設定が行え、その中の1つに「ストーリーズを表示しない」メニューで、ストーリーズを表示させたくないユーザーを指定することができます。匿名や非公開アカウントに対して効果的です。

1 メニュー画面から 「設定」を開く

プロフィール画面右上のメニューボタンをタップし、下にある「設定とプライバシー」をタップします。

2 ストーリーズと 動画を非表示にする

メニューから「ストーリーズと動画を非表示」をタップしましょう。

3 ストーリーズの 設定画面

「ストーリーズとライブ動画を表示しない人」をタップします。

4 非表示にする人を 指定する

ストーリーズを表示させたくないユーザーにチェックを入れて「完了」をタップしましょう。

Instagram

ストーリーズを特定の人だけに送信したい

ストーリーズは、標準設定だと誰でも閲覧できるようになっていますが、「親しい友達」リストを使えば、指定したユーザーだけに限定公開できます。

「親しい友達」リストは、設定画面の「親しい友達」で作成できます。リスト作成後、ストーリーズの投稿画面メニューで「親しい友達」を選択すれば、

特定の人だけ閲覧することができます。なお、投稿した後でも親しい友だちリストを編集することができます。

1 設定画面を開く

①タップ

②タップ

ホーム画面右上の設定ボタンをタップして、「設定とプライバシー」をタップします。

2 「親しい友達」を開く

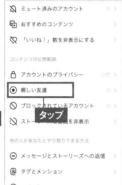

タップ

設定画面から「親しい友だち」をタップします。

3 「親しい友達」のリストを作成する

①チェックを付ける

②「完了」をタップする

「親しい友達」をタップして、限定公開するユーザーにチェックを入れていきましょう。最後に「完了」をタップします。

4 「親しい友達」だけにストーリーズを公開する

タップ

ストーリーズの投稿画面で「親しい友達」をタップすると親しい友達に追加したユーザーのみに公開されます。

投稿したストーリーズの足跡を見る

ストーリーズに投稿した写真は、通常の投稿と異なり閲覧したユーザーすべての名前が表示されます。だれが実際に自分の写真を見ているのかチェックしたい場合は、ストーリーズに投稿してみるのもいいでしょう。信頼できるフォロワーかどうか判断するにも役立ちます。

タップ

自分のストーリーズを表示するには、プロフィール画面からアイコンをタップします。

タップ

ストーリーズが表示され左下に閲覧したユーザーが表示されます。

フィードを見やすくカスタマイズする

フォロー数が増えてくると特に大事な知り合いの投稿を見逃しやすくなります。あまり興味のない写真ばかり投稿するユーザーはフォローを解除しましょう、そのユーザーの写真がフィードに表示されなくなります。繋がりを維持したい場合は非表示もいいでしょう。

タップ

フィードに表示されているユーザー名横の「…」をタップします。

タップ

メニューから「フォロー解除」「非表示にする」を選べばユーザーの投稿は表示されなくなります。

指定したユーザーにメッセージを送る

Instagramにも LINE や Facebook、Twitterと同じく、特定のユーザーと非公開でメッセージのやり取りを行う機能を搭載しています。コメント欄では話しづらいプライベートな話はダイレクトメッセージを利用しましょう。テキストだけでなくスタンプや写真や動画を添付することができます。なお、ダイレクトメッセージを受信するとホーム画面右上のメッセージアイコンに通知件数が表示されます。

1 「メッセージ」をタップする

ダイレクトメッセージを送信したい相手のプロフィール画面を表示して「メッセージ」をタップします。

2 メッセージを送信する

メッセージウインドウが表示されます。テキストを入力して送信しましょう。写真やスタンプを添付することもできます。

3 メッセージを受信する

相手からメッセージが届くとホーム画面右上のメッセージアイコンに通知件数が付きます。タップするとメッセージウインドウが表示されます。

一度に複数のユーザーに送信することもできる

複数のユーザーに同時に送信するには、ダイレクトメッセージで新規作成画面を開き、宛先に送信対象のユーザーをすべて入力しましょう。

チェックを入れたメンバーに同一メッセージを一斉送信できます。

ほかのユーザーの投稿をリポストするには

Instagram上のお気に入りの写真をフォロワーにもシェアしたい場合は、ストーリーズを使いましょう。Instagramにはタイムライン上に直接写真をシェアする機能はありませんが、ストーリーズに投稿することで、結果としてフォロワーにシェアすることができます。また、親しい友だちリストを利用することでシェアするユーザーを絞ることもできます。

なお、ストーリーズに投稿した写真であれば、メニュー画面からタイムラインにシェアすることもできます。

1 送信ボタンをタップする

シェアしたい写真の左下にある送信ボタンをタップします。

2 送信メニューからストーリーズを選択する

送信メニューが表示されます。ここで「ストーリーズに追加」をタップしましょう。

3 ストーリーズに投稿する

ストーリーズの投稿画面が表示されます。左下の「ストーリーズ」をタップすれば、写真をストーリーズとして投稿できます。

4 タイムラインにシェアする

タイムラインにもシェアしたい場合は、ストーリーズに投稿した写真を開き、メニュー画面から「投稿としてシェア」を選択しましょう。

Instagram

最大90秒の動画を楽しめる「リール動画」とは？

動画編集機能に優れ、多くの人の目に触れる

Instagramに動画を投稿する方法はいろいろ用意されていますが、今、最も人気が高いのが「リール動画」です。通常の動画投稿との違いはいくつかあります。まず、縦長（9:16）サイズで最大90秒までの短いサイズになっています。また、通常の動画に対して字幕、音楽、エフェクトなどをつけ、クリエイティブな動画を作成することができます。

次に、不特定多数の人に配信して閲覧してもらうことが前提となっています。そのため、ユーザーと関連の高い短い動画をスワイプ操作でサクサクと閲覧できるよう、リール動画専用の表示場所「リール」タブが用意されています。発見タブでは、リール動画のサムネイルには長方形のアイコンがついています。拡散力が高いのでInstagramのフォロワーを増やしたいときにリール動画は便利でしょう。

リール動画の特徴を知ろう

1 縦長のショート動画

リールの推奨サイズ（解像度）は9:16でスマホ画面いっぱいに動画が表示されるサイズで、通常の写真投稿とは比率が異なります。

上下にスワイプして切り替える

2 サクサクと閲覧できる

下部メニュー右から二番目にあるリールタブをタップすると、ほかのユーザーのリール動画が表示され、スワイプ操作で次々と閲覧できます。

3 手の込んだ動画編集ができる

投稿前に動画に音楽、字幕、スタンプ、エフェクトなどを挿入できるほか、各エフェクトが表示される場所を調整できます。

テンプレートとして使用
クリップをあなた自身のものに置き換えてください。

4 テンプレートを使って魅力的な動画を作成

ほかのユーザーが投稿したリール動画をテンプレートとして用いることができます。初心者でも簡単に魅力的な動画を作成できます。

5 多くのユーザーから反応が得られる

リール動画は拡散性が高く、投稿すると多くの反応が得られるケースが多いです。フォロワーを増やしたいときや宣伝したいときに便利です。

24時間で消えるストーリーズと違ってフィード上にずっと残るよ！

リール動画を作成して投稿しよう!

リール動画を作成する基本的な方法は、スマホに保存している動画を選択する方法です。動画選択後、編集画面に切り替わるのでテキスト、エフェクト、音楽、スタンプなどを挿入してクリエイティブな動画を作成しましょう。また、

トリミングで長さを調整することもできますが、90秒間におさまるように調整しましょう。

編集が終わると、写真投稿時と同じように動画に説明をつけて、多くのユーザに閲覧してもらいたい場合はハッ

シュタグを入力しましょう。最後に投稿すれば、自動的にリール動画として投稿され、サムネイル右下にリール動画を示すアイコンがつきます。

1 投稿画面から動画を選択する

①投稿ボタンをタップ

②動画を選択する

投稿ボタンをタップして、端末に保存している写真からリール動画に使用する動画を選択しましょう。

指定したタイミングで字幕を表示させるには?

テキストを入力すると編集画面左下に小さく入力したテキストボタンが表示されます。これをタップするとテキストの表示時間を調節するバーが現れるので、調節しましょう。

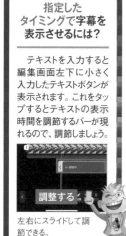
左右にスライドして調節できる。

2 動画を編集する

5 4 3 2 1

6 動画を編集

次へ

動画編集画面が表示されます。さまざまなツールが用意されているので、アピールする動画に編集できます。編集したら「次へ」をタップします。

1 字幕（テキスト）を入力する
2 スタンプを使う
3 動画にエフェクトをつける
4 音楽を挿入する
5 作成した動画をダウンロードする
6 動画を細かく編集する

3 動画に説明文をつける

①説明文やハッシュタグを入力する
②「シェア」をタップ

写真投稿時と同じように、投稿する動画に対して説明文やハッシュタグを設定しましょう。最後に「シェア」をタップします。

4 リール動画として投稿される

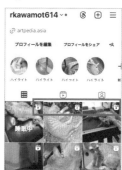

90秒以内の動画であれば自動的にリール動画として投稿され、サムネイル右下にリール動画を示すアイコンがつきます。

魅力的で凝ったリール動画にするには？

リール動画の編集には、複数の動画をつなぎあわせることができます。動画をつなげるには、動画編集画面左下にある「動画を編集」ボタンをタップしましょう。編集メニューが表示されるので「クリップを追加」をタップすると、ほかの動画を追加して、1つにつなげることができます。また、追加した動画は「クリップ」として扱われ、並び順を変更したり、クリップごとに細かな編集ができます。さらに細かく分割して並び替えたり、クリップごとに再生速度を変更することができます。凝ったリール動画を作りたい人は、動画編集機能を使いこなしましょう。

1 「動画を編集」をタップ

タップ

動画を編集　　　次へ 〉

複数の動画をつなぎ合わせたい場合は、動画編集画面の左下にある「動画を編集」をタップします。

2 追加する動画を選択する

①「クリップを追加」をタップ

編集　クリップを追加　音源を追加　テキスト　スタ

最近 ∨

木曜日　0:18

②動画を選択する

メニューが表示されるので「クリップを追加」をタップして、追加する動画を選択しましょう。

3 クリップを並び替える

①「並び替え」をタップ
トラックをタップすると長さ調整、ピンチするとズームできます。

編集　並び替え　クリップを追加　音源を追加

②ドラッグで並び替える

完了

追加した動画の順番を並び替えるには、「並び替え」をタップして、ドラッグでクリップの順番を入れ替えましょう。

4 クリップごとに編集する

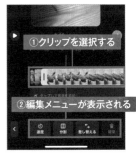

①クリップを選択する

②編集メニューが表示される

速度　分割　差し替える

クリップごとに編集もできます。編集したいクリップをタップして黄色い枠が出たら、下部メニューから編集内容を指定しましょう。

テンプレートを使ってリール動画を作成する

自身で魅力的なリール動画を制作するのが面倒でも、テンプレートを使えば簡単です。テンプレートとは、ほかのユーザーが制作したリール動画のクリップ構造や音源を借りて、それを自身の映像と差し替えて簡単に動画を作成する機能です。時間をかけずに素早く魅力的な動画を作成できます。テンプレートを利用するには、「リール」タブを開いてテンプレートメニューをタップしましょう。さまざまなテンプレートが表示されるので、好きなものを選択すればすぐに利用できます。

1 「リール」タブを開く

②「テンプレート」をタップ
✕　新しいリール動画

カメラ　下書き　テンプレート

①「リール」をタップ

投稿　ストーリーズ　リール　ライブ

投稿画面を起動したら「リール」タブを開き、「テンプレート」をタップします。

2 テンプレートを選択する

②タップ

①テンプレートを選択する

テンプレートを使用

テンプレート選択画面が表示されるので、左右にスワイプして利用したいテンプレートを選択し、「テンプレートを使用」をタップしましょう。

3 自分の動画にさしかえる

①「メディアを追加」をタップ

メディアを追加

②動画を選択する

「メディアを追加」をタップして、利用する動画を選択していきましょう。クリップ追加後はこれまでの動画編集と同じです。

リール動画視聴画面にある「テンプレートを使用」をタップして使うこともできる！

静止画をつなげてスライドショーを作成する

　リール動画は動画だけでなく写真を組み合わせて作成することも可能です。アルバム内の写真を組み合わせてスライドショーを作成したいときに便利です。動画編集時と異なるのは、写真ごとに表示する秒数を設定することです。速度調整をすることで、写真ごとに表示する秒数を設定できるほか、テキスト、スタンプなども個別に設定することができます。また、好きな順番に写真を並び替えることもできます。

1 リールタブを開く

投稿画面で「リール」を開き、「選択」をタップします。

2 写真を選択する

スライドショーに使う写真にチェックを入れて、「→」ボタンをタップします。

3 BGMを選択する

スライドショーに利用するBGMの選択画面が表示されます。好みのものを選択しましょう。「→」ボタンをタップします。

4 クリップの長さを調節する

各写真の表示時間を調節しましょう。クリップをタップして黄色い枠を左右にスライドして長さを調節します。

音楽や効果音をつけるには?

　リール動画の音声追加メニューでは、あらかじめ用意された音源に加えて、自分の声を直接収録して動画に追加したり、効果音を挿入したり、オリジナルの音源を追加することが可能です。音源の追加は、音源追加画面の上部メニューから行います。自分の声を追加したい場合は「ボイスオーバー」を、効果音を追加したい場合は「サウンドエフェクト」を、スマートフォンに保存している音声を追加したい場合は「インポート」を選択してください。また、動画の音量調整やノイズ除去など、音声編集機能も利用できます。

1 音符ボタンをタップ

動画編集画面で音符ボタンをタップすると表示される音源追加画面の上部にメニューがあります。

2 自分の声を録音して追加する

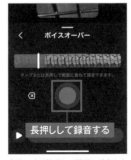

自分の声を録音して動画に追加したい場合は、ボイスオーバーをタップして、赤いボタンを長押しして録音しましょう。

3 効果音を追加する

効果音を追加したい場合は「サウンドエフェクト」をタップして、動画を再生しながら用意されている効果音から好きなものを追加しましょう。

4 音量を調節する

動画の音量を小さくしたい場合は、音量コントロールからバーを上下にスライドして調節しましょう。

Instagram

非公開アカウントにするには

Instagramは標準では誰でも投稿した写真が閲覧できる状態になっています。しかし、ユーザーの中には親しい友達にだけプライベートな写真を見せたい人もいるでしょう。そんなときは非公開アカウントに変更しましょう。非公開アカウントにするとフォロワー以外のユーザーに自分の投稿した写真が見られることはなくなります。フォローも承認制になるため怪しいユーザーをブロックできます。

1 設定画面を開く

ホーム画面右上のメニューボタンをタップし、下にある「設定とプライバシー」をタップします。

2 プライバシー設定を開く

「アカウントのプライバシー」をタップします。

3 非公開アカウント設定を有効にする

非公開アカウントのスイッチを有効にしましょう。これでフォロワー以外のユーザーは投稿を閲覧できません。

4 鍵マークが付く

非公開状態になっているか知るにはプロフィール画面を表示します。ユーザーネームの左に鍵マークが付いていれば非公開になっています。

近くにいる人にフォローしてもらうには

外出先で知り合った友達に自分のアカウントをフォローしてもらいたい場合は、検索で探してもらうよりQRコードを使った方が簡単です。自分のプロフィール画面でQRコードを表示して相手のカメラに読み取ってもらうだけでフォローしてもらえます。

ホーム画面右上のメニューボタンをタップして「QRコード」をタップします。

QRコードが表示されます。これをカメラで読みとってもらいましょう。

ログインパスワードを変更したい

Instagramにログインする際はアカウント作成時に登録したパスワードを入力する必要があります。セキュリティを高めるにはパスワードを定期的に変更することをおすすめします。設定画面の「アカウントセンター」の「パスワードとセキュリティ」でパスワードの変更ができます。

プロフィール画面のメニューボタンをタップし「設定とプライバシー」をタップ。「アカウントセンター」をタップします。

「パスワードとセキュリティ」をタップし、「パスワードを変更」からパスワードを変更しましょう。

Instagramアカウントの削除方法を知りたい

コミュニケーションに疲れたり、トラブルなどでInstagramをやめたいと考えている人はアカウントの削除を検討してもよいでしょう。

Instagramのアカウントの削除は「Instagram」のアプリ上から直接行うことができます。削除するには、ログインした状態で、設定画面から「アカウントセンター」を開き、「アカウント設定」の「個人の情報」をタップしましょう。なお、削除方法は一時的に停止する方法と完全にデータを削除する2つの方法があります。

すべてのデータが消えてしまうのが惜しいという人はアカウントの一時停止を検討するのもいいでしょう。一時停止にするとユーザーからは自分のプロフィールや投稿などのデータが消えた状態になりログインもできなくなりますが、再開することができます。

1 設定とプライバシーを開く

画面右上のメニューボタンをタップして、「設定とプライバシー」をタップします。

2 アカウントセンターを開く

「アカウントセンター」をタップし、「個人の情報」をタップします。

3 アカウントの所有権とコントロールをタップ

「アカウントの所有権とコントロール」をタップし、「利用解除または削除」をタップします。

4 削除方法を選択する

アカウントを一時的に休止するか、完全に削除するか選択して、「次へ」をタップします。

5 削除する理由を選択する

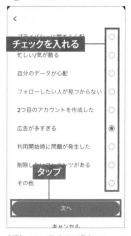

削除、または休止する理由にチェックを入れて「次へ」をタップします。

6 パスワードを入力する

ログインパスワードを入力して「次へ」をタップします。

7 アカウントを削除する

「アカウントを削除」をタップするとアカウントが削除されます。

削除直後であれば、ログイン時に表示される画面で「アカウントをキープ」をタップすればキャンセルできる!

Threads

SNSの代表的存在として、人気のあったTwitterが「X」となり、機能などが制限されることとなったほぼ同時期に、Twitterに近い機能をもつ「Threads」（スレッズ）が登場しました。基本的に、Instagramのユーザーと交流する、という点がTwitterと大きく違うことは間違いありませんが、画像や動画がメインで、あまりテキストベースの交流がなかったInstagramのユーザー間で、風通しがすごくよくなったのは事実でしょう。あまり深く考えずに気楽に使ってみましょう！

普段、超クールな写真ばっかりアップしていた人も、実際はこんなに面白い人だったのね！

インスタとは違った世界も見えて面白いよね！

重要項目インデックス

Threadsの画面はこんな感じ！

まだ使っている人は少なめだけどこっちの方がXよりいい点もあるね！

Xよりは話題もギスギスしてなくてゆったり見れる感じで気楽！

アプリの機能は充分に充実しているので楽しいよ！

タイムライン画面

❶ タブ……「おすすめ」のユーザーと、自分がフォロー中のユーザーのタイムラインをタブで切り替えることができます。

❷ タイムライン……自分や友だち、フォローしている人、タレントや有名人の投稿などが流れていきます。

❸ ホーム……ホーム画面を表示させます。

❹ 検索……ユーザー名を入れて、ユーザーを検索できます。現在はユーザー名以外の検索はできません。

❺ 投稿ボタン……このボタンで投稿を始めることができます。

❻ アクティビティ表示……自分への返信や、自分の投稿にいいね！がついたとき、などに通知してくれます。

❼ プロフィール……自分のプロフィールの確認や自分の投稿を見ることができます。

投稿画面

❶ 投稿をキャンセル……ここを押すと投稿画面がキャンセルされ、ホーム画面に戻ります。

❷ 投稿の編集画面……テキストを入力、編集したり、投稿したい画像・動画を選択し、編集できます。

❸ 返信できる人を選択……自分の投稿に返信できる人を制限することができます。

❹ 投稿ボタン……ここを押すことでタイムラインに投稿できます。

新しくできたSNS Threadsとはどういうものか

安全性に配慮したX（元Twitter）と似たアプリ

2023年7月に新しく登場した新しいSNSアプリ「Threads（スレッズ）」は、多数の著名人が参加し、その人気は爆発的です。Threadsは、Xに非常に酷似しており、短い文、写真、動画を連続して投稿するのに適しています。しかし、最大500字の文字数、最大10枚の写真、最大5分の動画の投稿が可能となっています。

安全性にも留意しており、Xと比較してセキュリティ対策を強化しています。たとえば、検索機能はユーザー検索のみであり、キーワード検索はできません。このため、知らないユーザーからの突然の絡みが少なくなり、利用者の安心感が向上しています。

また、Instagramと連携しており、Instagramでフォローしているユーザーを誘導したり、Threadsに投稿した内容をストーリーズとしてInstagramに投稿できます。

Threadsとは何をするものなのか？

1 Xとよく似たインターフェース

使い方はXとよく似ているので、Xを使ったことがある人なら直感的に利用できます。

2 投稿文字数や写真数が多い

最大500字の文字数、最大10枚の写真、最大5分の動画の投稿ができます。140字以内のXに不満のある人に便利です。

3 知らないユーザーに絡まれにくい

検索機能はユーザー検索のみなので、キーワード検索で訪れる知らないユーザーから絡まれる機会は少ないです

4 不快感を少なくする機能

非公開アカウント設定、ミュート、ブロック、非表示ワードなど利用していて不快感を低減させる機能を多数搭載しています。

①カメラアイコンをタップ

②Instagramに切り替わる

5 Instagramと連携

Instagramと連携しており、右上のカメラアイコンをタップするとInstagramのアカウントにすぐに切り替えることができます。

Instagramのフォロワー同士でテキストのコミュニケーションをしたい人におすすめ！

アカウントはInstagramのものをそのまま使う!

Threadsを利用するには、まずInstagramのアカウントを取得しておく必要があります。Threadsは単なる独立したSNSアプリというよりも、Instagramから派生した機能の一部として位置づけられており、Instagramのアカウントとの連携が必要です。もし既存のInstagramのアカウントと連携させたくない場合は、Threads用に新しいInstagramのアカウントを新規に作成することもできます。

Instagramのアカウントを用意したら、iPhoneをお使いの場合はApp Storeから、Androidをご利用の場合はPlayストアから、Threadsアプリをダウンロードしましょう。起動したらログイン画面が表示されるので。ここで、連携したいInstagramのアカウント情報を入力しましょう。すると、Instagramのプロフィールが自動的に取り込まれ、Threadsのアカウントが作成されます。なお、Threadsのプロフィール情報は変更できず、変更したい場合はInstagramのプロフィールを変更して同期する必要があります。

1 アプリをダウンロードする

iPhoneの場合はApp Storeから、Androidの場合はPlayストアから、Threadsのアプリをダウンロードしましょう。

2 起動画面

Threadsを初めて起動するとこのような画面が表示されます。下の「Instagramでログイン」をタップしましょう。

3 Instagramのアカウント情報を入力する

①Instagramのユーザーネームを入力する

②Instagramのログインパスワードを入力する

ログイン画面が表示されます。ここで、連携させたいInstagramのユーザーネームとパスワードを入力しましょう。

Instagramアプリから Threadsを作成する

InstagramアプリからThreadsのアカウントを作成することもできます。Instagramのメニューから「Threads」をタップしましょう。

4 プロフィール画面

プロフィール画面が表示されます。標準ではInstagramで使っている名前とユーザーネームが自動で表示されます。自己紹介やリンクは自由に作成できます。

5 プロフィールの公開設定

不特定多数のユーザーが閲覧できる状態にしたい場合は「公開プロフィール」を選択、フォロワーのみに公開するなら「非公開プロフィール」を選択しましょう。

6 フォローする人を選択する

Instagramでフォローしているユーザーが一覧表示されます。フォローするユーザーを選択しましょう。

7 メイン画面を表示する

最後に「Threadsに参加する」ボタンをタップするとメイン画面が表示され、フォローしているユーザーの投稿がタイムラインに表示されます。

Threads

タイムラインを見てみよう

Threadsの画面下部には5つのメニューボタンが用意されています。特に覚えておきたいのはホームボタンとプロフィールボタンです。タイムラインを閲覧したい場合は、左端のホームボタンをタップしましょう。フォローしているユーザーの投稿やおすすめ投稿が表示されます。自分のプロフィールや投稿を確認したい場合は右端のプロフィールボタンをタップしましょう。ここでは、プロフィールを編集したり、Instagramのアカウントに切り替えたり、さまざまな設定変更ができます。

1 タイムラインを閲覧する

下部メニュー左端のホームボタンをタップするとフォローしているユーザーとおすすめの投稿が表示されます。

2 プロフィールを閲覧する

自分のプロフィールを閲覧するには、右下端のプロフィールボタンをタップしましょう。プロフィールを編集したい場合は、「プロフィールを編集」をタップしましょう。

3 設定画面を開く

設定画面を開きたい場合は、右上の設定ボタンをタップしましょう。ここから、さまざまな設定変更ができます。

4 Instagramに切り替える

Instagramのアカウントに切り替えたい場合は、メニューボタン横にあるカメラボタンをタップしましょう。

フォローしている人の投稿だけを見るには?

Threadsのタイムラインには、自身がフォローしているユーザーの投稿のほかに、ユーザーにおすすめの投稿が時系列に関係なくバラバラで表示されます。フォローしているユーザーだけの投稿を表示させたい場合は、「フォロー中」タブをタップしましょう。フォローしているユーザーの投稿だけを時系列で並べて表示してくれます。また、画面を下にスワイプすると最新の投稿が表示されます。

1 Threadsのアイコンをタップ

タイムラインの表示方法を変更したい場合は、画面上部のThreadsのロゴをタップします。

2 タブが表示される

ロゴの下に「おすすめ」と「フォロー中」のタブが表示されます。フォローしているユーザーの投稿だけを表示させたい場合は「フォロー中」をタップします。

3 フォローしているユーザーの投稿が表示される

フォローしているユーザーの投稿だけが、時系列に表示されます。おすすめ順に戻したい場合は、ロゴをタップして「おすすめ」をタップしましょう。

4 タイムラインを更新する

下にスワイプするとタイムラインが新しく更新されます。

Threadsの投稿の面白さとは

Threadsは、外見こそXに似ていますが、投稿内容や雰囲気は大きく異なります。Xでは過激な社会問題を話し合ったり、全く知らない人との刺激的な交流が盛んですが、一方でThreadsはInstagramでフォローしている知り合いと気軽にコミュニケーションを取るための場といえます。そのため、写真や動画だけでは伝えきれないことをテキストで表現したい場合には、積極的にThreadsを活用することがおすすめです。

1 Instagramではテキストでは伝えきれない

Instagramはおもに写真や動画を通じて情報を共有することが主流であり、テキスト情報はあまり目立ちません。

2 Threadsならテキストで相手に伝えられる

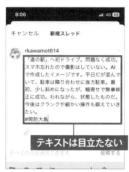

テキストでフォロワーに伝えたいときにThreadsを利用しましょう。Instagramと違いThreadsはテキストが主流になります。

3 著名人の投稿も見てみよう

Threadsには多数の著名人が参加しています。著名人もInstagramとは異なり、写真や動画よりもテキストで何気ないことをつぶやいています。

4 積極的にテキストでコミュニケーションしよう

ほかのユーザーの投稿に対してコメントをつけることもできます。Instagramのコメントよりも活発であることが多いです。

コメントや「いいね!」をつけてみよう

Threadsで相手とコミュニケーションをとるには、Instagramと同じように相手の投稿に対してコメントやいいねをつけるといいでしょう。使い方もInstagramと同じで、投稿の下に設置されているいいねボタンやコメントボタンをタップしましょう。なお、Threadsでは相手の投稿を自分のタイムラインに再投稿や引用投稿することができるほか、Instagramに投稿をイメージ化して再投稿することもできます。

1 投稿下のボタンを使う

投稿下にあるさまざまなボタンがあります。左から「いいね」「コメント」「再投稿」「シェア」です。

2 いいねをつける

最も簡単なコミュニケーションは「いいね」ボタンをタップすることです。テキストなしで相手に好意をアピールできます。

3 コメントをつける

コメントボタンをタップすると、投稿に対してテキストや画像を使ってコメントをつけて、コミュニケーションすることができます。

4 再投稿する

投稿を自分のタイムラインにも流したい場合は、再投稿ボタンをタップしましょう。そのまま再投稿するなら「再投稿」、コメントをつけて再投稿するなら「引用」をタップしましょう。

Threads

思っていることを投稿してみよう

Threadsで投稿するには、下部メニュー中央にある投稿ボタンをタップしましょう。投稿画面が表示されるので、フォロワーに伝えたいことをテキスト入力しましょう。Threadsでは、テキストは最大500文字、写真は10枚、動画は最大5分まで投稿できます。複数の写真と動画を組み合わせて投稿することもできます。もしテキストが500文字を超えそうな場合は、スレッドを追加すれば、追加のテキストを入力することができます。

1 投稿する

① タップ

② テキストを入力する

③ タップして投稿する

投稿ボタンをタップして表示される投稿画面に500字以内でテキストを入力しましょう。最後に「投稿する」をタップしましょう。

2 スレッドを追加する

① 「スレッドに追加」をタップ

② 追加したスレッドにテキストを入力する

500文字を超えそうな場合は、入力欄下の「スレッドに追加」をタップします。すると入力欄が追加され、テキストを追加入力することができます。

3 写真や動画を添付する

① タップ

② ファイルを選択する

写真や動画を投稿する場合は、入力欄下の添付ボタンをタップし、投稿したい写真や動画を選択しましょう。一度に複数のファイルを添付できます。

投稿を削除したい

投稿した内容を削除したい場合は、投稿右上にあるメニューボタンをタップして「削除」をタップしましょう。

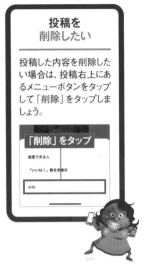

「削除」をタップ

セキュリティ機能を使いこなそう

Threadを使っていると、ときおり不快な投稿が表示されることがあります。Threadsには不快な投稿を避けるための機能が用意されています。たとえば、特定のユーザーの投稿をオフにしたい場合、そのユーザーをミュートすることができます。これによって、フォローは続けたままでも、そのユーザーの投稿を目にすることがなくなります。嫌なコメントをしてくるユーザーに対してはブロック機能を使いましょう。そのユーザーとはコミュニケーションが完全に遮断されます。

1 特定のユーザーをミュートする

① メニューボタンをタップ

② 「ミュート」をタップ

ミュートしたい場合は、ユーザーの投稿右上にあるメニューボタンをタップし、「ミュート」をタップしましょう。

2 特定のユーザーをブロックする

① メニューボタンをタップ

② 「ブロック」をタップ

ブロックしたい場合は、ユーザーの投稿右上にあるメニューボタンをタップし、「ブロック」をタップしましょう。

3 ミュートやブロックを管理する

タップ

ミュートやブロックしたユーザーの管理をするには、左上の地球アイコンをタップします。プライバシー設定画面が表示され、ここで管理できます。

ブロックしたユーザーはInstagramでも適用されるよ!

X（元Twitter）とはこんなところが違う

Threadsは、Xと似た使い勝手を持ちつつも、文字数や写真の添付数などが多く、さらにセキュリティ面も考慮されているため、多くの利点があります。しかしながら、安全性を高める代わりにいくつかのデメリットも存在します。特に、不便な点は、他のユーザーの投稿内容を検索できないことでしょう。このため、トレンド情報や自身の評判を調べる人にとっては不都合かもしれません。また、ハッシュタグを使用することができないため、自分の投稿を広く多くのユーザーに見てもらうことも難しくなります。

	X（元Twitter）	Threads
文字数	最大140文字（無料プラン）	最大500文字
投稿写真数	最大4枚	最大10枚
投稿動画の長さ	最大140秒（無料プラン）	最大5分
ハッシュタグ	使える	使えない
検索	アカウント、投稿	アカウントのみ
ダイレクトメッセージ	使える	使えない
広告	あり	なし
PCでの利用	可能	閲覧のみ

トレンドに関する情報が検索できない

台風の進路や地震の情報など、リアルタイムのさまざまな情報を検索することができないのがThreadsのデメリット。

フォロワーとの限定的なコミュニケーションと思おう！

アカウントを削除する場合は注意が必要!

Threadsのアカウントを削除する際は注意が必要です。ThreadsのアカウントはInstagramと紐づいているためアカウントを削除すると、Instagramのアカウントも一緒に削除することになります。そのため、Threadsでアカウント削除しようとするとInstagramの設定画面に移動します。あとは、Instagramのアカウント削除方法と同じです。一時休止か完全にアカウント削除するか選択して進めていきましょう。

1 Threadsの設定画面を開く

Threadsのプロフィール画面を開き、右上のメニューボタンをタップし、「アカウント」をタップします。

2 Instagramの設定画面に移動する

「その他のアカウント設定」をタップするとInstagramの設定画面に切り替わります。「アカウントセンター」をタップします。

3 「個人の情報」をタップ

「個人の情報」をタップして、「アカウントの所有権とコントロール」をタップします。

4 一時停止か削除するか選択する

アカウントの利用を一時停止にするか、完全に削除するか選択して、「次へ」をタップしましょう。なお、Instagramのアカウントも使えなくなります。

TikTok

ティックトック

それまであまり盛り上がりのなかった「縦型動画」の世界を一気に切り開いた、動画中心のSNSがTikTokです。再生すると、一瞬でスピーディーにリズミカルなエンタメ動画に没入できます。手の込んだ編集によるハイレベルな動画は、特に人と交流しなくても見るだけで楽しめます。わずかな隙間時間しかなくても、何本もスワイプして動画を楽しめるので忙しい人の時間を奪うこともありません。また、自分も動画を投稿すれば、爆発的な人気を得ることも夢ではありません！

次から次へと面白い
動画が続くから
やめられなくなっちゃうね！

ダンスの動画とか
ばっかりなのかな？
と思ってたけど
いろいろな動画が
あるのね！

TikTokの画面はこんな感じ!

私もTikTokで
投稿してるけど
すごく拡散されるから
楽しいよ!

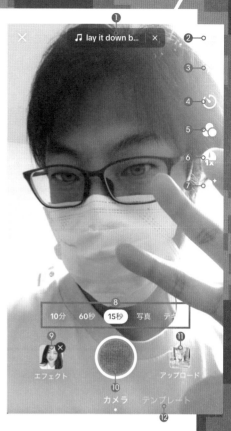

閲覧画面

❶ LIVE……TikTokのライブ配信を見ることができます。

❷ タブ……「友だち」「フォロー中」「おすすめ」から切り替えることができます。

❸ 検索……キーワードやハッシュタグで検索できます。

❹ 投稿者……動画の投稿者が表示されます。

❺ ハート……気に入った動画にハートをつけられます。

❻ コメント……動画にコメントを投稿できます。

❼ セーブ……動画をセーブでき、ブックマークのように使えます。

❽ シェア……ほかのSNSでシェアできます。

❾ 楽曲……使用している楽曲が表示されます。

❿ レコメンド……自分にマッチした動画が提案されます。

⓫ 周辺……現在地周辺で投稿された動画を探すことができます(Androidでは「友だち」として友だちの動画を探せます)。

⓬ 投稿……動画を撮影したり、アップロードして投稿できます。

⓭ メッセージ……自分へのメッセージや通知が表示されます。

⓮ プロフィール……自分のプロフィールを確認できます。

撮影画面

❶ 楽曲……BGMに利用する楽曲を選ぶことができます。

❷ カメラ切り替え……カメラのイン・アウトを切り替えます。

❸ フラッシュライト……フラッシュライトのオン・オフを選択します。

❹ タイマー……カウントダウンや撮影終了のタイマーを設定できます。

❺ フィルター……カラーフィルターを選べます。

❻ 速度……動画の再生速度を変更できます。

❼ 美顔効果……美顔効果を加えられます。

❽ 撮影モード……撮影モードを切り替えられます。

❾ エフェクト……顔や背景にエフェクトを加えられます。

❿ 撮影ボタン……タップして撮影を開始します。

⓫ アップロード……撮影済みの写真や動画を投稿できます。

⓬ テンプレート……用意されたテンプレートを使って手軽に動画を作成できます。

投稿するときに
音楽も好きなのを
選べるのがいいよね!

自撮りはエフェクトや
フィルターで盛れる!
思いっきり盛って
見栄えの良い動画に
しちゃうのがTikTok
を楽しむコツ!

TikTok

動画だけのSNS！
Tik Tokとはどういうもの？

高い拡散力で話題沸騰！動画でバズるSNS

誰でも情報を発信できてキャッチできるSNSは、現代のコミュニケーションのトレンド。それらの中で、特に最近話題なのが「TikTok（ティックトック）」です。若者やインフルエンサーを中心に広まったショート動画を使ったSNSで、動画で「楽しい」や「驚き」を伝えるコミュニケーションが注目されています。他のSNSでも写真や動画を使うことはありますが、あくまでもメインは文字（テキスト）なので、動画だけ

でほぼ情報が完結するという特徴は、TikTokならではといえるでしょう。

動画という情報の伝わりやすさに加えて、次々に関連する動画などが提案されていく拡散力の高さが注目され、現在では著名人だけでなく、ニュースや企業アカウントも積極的にTikTokで動画発信を行なっています。最新のトレンドを手に入れるのに最適なSNSなので、ぜひチェックしてみましょう！

著名人をはじめ
企業やニュースも注目！

歌手やアイドル、芸能人、芸人。さまざまな著名人をはじめ。テレビ番組のアカウントなどもTikTokで情報を発信しています。

Tik Tokのここがすごい

1 ユニークな動画、ためになる動画が満載！

2 誰でも動画を撮影・編集・投稿できる

3 情報の拡散力が高く、多くのユーザーに届けられる！

4 初心者でも数百万再生の可能性アリ！

スマホがあれば誰でもTikTokクリエイターになれる！

TikTokでは編集や加工が本当に大事！ユニークな編集や内容にマッチしたBGMがあれば注目度が大きく変わります

STEP 1 アカウントを作って
TokTok動画を見てみる

STEP 2 TikTok動画を
撮影してみよう！

STEP 3 動画を編集・加工
投稿してみよう！

TikTokアカウントを作る

TikTokアプリを実行すると、好きなカテゴリーを選択するだけで、すぐにTikTokを楽しむことができます。動画を見るだけなら、アカウントの作成は不要ですが、好きな動画にコメントを

投稿したり、投稿者をフォローしたり、自分でも動画を投稿するには、アカウント登録が必要になるので、TikTokを楽しみ尽くすなら、アカウント登録まで進めてしまいましょう。

アカウントの登録は「プロフィール」から。電話番号での登録とメールアドレスでの登録が選べるので、好きな方法で登録しましょう（今回は電話番号で登録しています）。

1 好きなカテゴリーを選ぶ

TikTokアプリを起動。興味のあるカテゴリーをタップして「次へ」で進めます。

2 動画の見方を確認

「動画を見る」をタップすれば、すぐにTikTokの動画を見られます。

3 「プロフィール」から登録する

「プロフィール」をタップして「登録」をタップします。

4 登録方法を選ぶ

登録方法を選びます。今回は「電話番号またはメールで登録」を選びました。

5 電話番号かメールアドレスで登録する

アカウント登録は、電話番号もしくはメールアドレスを選べます。登録しやすい方を選びましょう（今回は電話番号で登録）。

6 SMSのコードを入力して登録完了

SMSで登録用コードが届きます。そちらを入力して認証すればアカウント登録は完了です。

連絡先の同期は慎重に！

連絡先へのアクセスを許可すると連絡先に登録されている友だちとTikTok上で繋がりやすくなります。しかし、現実のコミュニティと切り離して楽しみたいなら、「許可しない」を選んでおきましょう。

TikTok

TikTokで動画を見る

TikTokで動画を楽しむには、基本的に画面左下の「レコメンド」にアクセスします。こちらでは、「おすすめ」として自分が興味のありそうな動画が提案されます。動画を切り替えるには、画面を上にスワイプすればOKです。

特定の動画やユーザーを探したい場合は、画面右上の検索ボタンをタップ。検索画面で、キーワード検索や、トレンドのキーワードを調べることができるので、これらも活用して盛り上がる動画を見つけてみましょう!

1 おすすめ動画を見る

フォローしているアカウントや友だちの動画に切り替えることもできる

上にスワイプして動画を切り替える

興味のあるカテゴリーや視聴履歴からおすすめを提案してくれるのが「レコメンド」。基本はこちらで動画を楽しみます。

2 キーワード検索で動画を探す

キーワード検索

トレンドのキーワードが炎マークでわかる

画面右上の検索ボタンからは、動画を検索したり、急上昇しているトレンドのキーワードが炎マークで確認できます。

3 ジャンルやユーザーで絞り込む

検索結果を絞り込める

キーワード検索では「注目」「ユーザー」「動画」などジャンルでさらに絞り込むことができます。

POINT
ユーザー名を変更しておこう

タップしてプロフィール（名前など）を設定していく

タップ

「プロフィール」をタップして「プロフィールを作成」から、写真や名前を設定しましょう。未設定だと動画やコメントを投稿した際に、ユーザーIDで表示されてしまいます。

TikTokの動画をダウンロードする

お気に入りの動画を、何度も見返したいならダウンロードしておきましょう。画面を長押しするとメニューが表示されるので、「ダウンロードする」を選びます。なお、著作権の規制によって音声はカットされてしまうので、音楽込みで楽しみたい場合は「セーブ」も活用しましょう。

①長押し

②タップ

画面を長押しして「ダウンロードする」を選びます。

タップ

音声がカットされる通知が表示されます。「ダウンロード」をタップして保存しましょう。

PCからでも快適に見られる!

TikTokはスマホ向けのSNSですが、PCからでも動画を楽しむことができます。これにはブラウザからTikTokのアドレスを入力して開けばOK。縦スクロールで連続して動画をザッピングできたり、撮影済みの動画を選んで投稿することもできます。PCを使う機会の多い人は、こちらの手段もおすすめです。

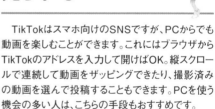

動画のアップロード（投稿）にも対応

こちらからログイン（ログイン方法はQRコードがおすすめ）

URL：https://www.tiktok.com/
TikTokのURLをブラウザで開けばOK。「ログイン」からスマホと同じアカウントでログインしましょう。

上下で動画を切り替えられる

コメントも同時に表示される

スマホと同じく縦スクロールでザッピング（別の動画へ切り替える）できます。

好みの動画を見つけやすくする検索方法

画面をスクロールして、次々に動画を切り替えられるTikTokでは、新しい動画やニュースに出会えます。一方で、特定のジャンルの情報に絞って動画を見つけたい場合もあります。この場合は「ハッシュタグ」というジャンルを示すキーワード使った検索が便利。検索欄に「#○○○」と、「#」から始まるキーワードを入力することで、同じハッシュタグがついた動画を簡単に見つけられます。

1 検索ボタンをタップ

ハッシュタグ検索も通常の検索と同じ。画面右上の検索ボタンをタップします。

2 ハッシュタグを入力して検索

①ハッシュタグ（ここでは#iphone）を入力

②関連するハッシュタグが表示される（タップして選ぶ）

「#」から続くキーワードを入力します。ここでは「#iphone」と入力しました。

3 ハッシュタグ付きの動画を見つけられる

手順2で選んだハッシュタグがついた動画を見つけることができます。

動画を撮影する

動画を撮影するには画面下部の「+」ボタンをタップ。動画は15秒モードや60秒モードなど撮影時間を選べます。また、撮影時には楽曲を事前に設定できるので、動画に合わせてダンスしたり喋ったりといったアピールも人気です。フィルターやメイクエフェクトをかけることもできます。

もちろん、自撮りに限らず風景やペットの動画を投稿してもOK。伝えたい情報やおもしろシーンをどんどん撮影して、投稿していきましょう。

1 「+」ボタンをタップ

タップ

動画を撮影するには、画面下部にある「+」ボタンをタップします。

2 動画を撮影する

動画に特殊効果を加える

①「15秒」「60秒」など動画撮影モードを切り替える

②タップして撮影開始

撮影ボタンをタップすると動画を撮影できます。楽曲を選んだり、フィルターやメイク効果をかけることもできます。

3 楽曲を選ぶ

撮影画面で「楽曲を選ぶ」をタップすると、事前に利用楽曲を選べます。

撮影の次は動画を編集していきましょう。編集は注目度を上げるために大事です！

TikTok

動画を編集・投稿する

動画が撮影できたらさっそく投稿……。したい気持ちもありますが、その前に、動画を編集・加工しましょう。

TwitterやFacebookなどのSNSでは動画の加工はあまり重要視されていませんが、TikTokはほぼ動画だけで情報を伝えるため、動画の見た目、見やすさ、情報量がとにかく大事です。撮影したままの動画を投稿するのではなく、見栄え重視の編集が求められます。

動画の編集や加工と聞くと難しいイメージもありますが、TikTokでは撮影後の動画を簡単に編集できます。フィルターをかけたり、ステッカーで装飾したり、テキストの入力もOK。これらを加えるだけで、動画がグンと見やすくなります。

動画の編集が終わったら、簡単な説明とハッシュタグを記入します。ハッシュタグも動画の拡散に重要なので、届けたいユーザーに向けて、ハッシュタグを追加するのを忘れずに。編集とハッシュタグが上手くマッチすれば、バズり動画も夢ではありません。

---

1 動画を編集する

撮影できたら、公開前に動画を編集しましょう。そのまま投稿するよりも注目度が上がります。

2 テキストを加える

「テキスト」では動画の好きな場所にテキスト（文字）を載せられます。説明やタイトルとして便利です。

3 ステッカーで飾ろう！

動画が寂しい場合は「ステッカー」が便利。画面の好きな位置に貼り付けられます。

4 フィルターはぜひ利用しよう！

「フィルター」をかけると、暗い動画を明るくできたり、鮮やかになったり見た目がよくなります。ぜひ利用しましょう！

---

5 「次へ」で手順を進める

基本的な編集はこれらでOK。「次へ」をタップして手順を進めましょう。

6 動画を投稿する

説明欄に文字での説明やハッシュタグを加えて「投稿」をタップ。動画を投稿しましょう。

7 動画が投稿される

TikTokに動画が投稿されます。再生して確認してみましょう。自分で投稿した動画は「プロフィール」から確認できます。

トレンドのハッシュタグを利用したり、情報を届けたいユーザーにマッチしたハッシュタグを選ぶことで、再生数が伸びます。編集と同様にハッシュタグ選びも大事です！

アバターやエフェクトを使ってみよう

動画は投稿したいけど、顔バレしたくない。もしくは、素顔のままだと恥ずかしい……。と感じるなら、動画を撮影する時に画面左下の「エフェクト」をタップしてみましょう。こちらでは、自分の顔や背景などに、特殊な効果を加えることができます。中には自分の顔をアバターのようなキャラクターで隠すこともできるので、素性を隠したり、見栄え良く加工してみましょう!

1 「エフェクト」をタップする

動画の撮影画面に切り替えたら「エフェクト」をタップします。

2 適用したいエフェクトを選ぶ

顔全体を隠すアバターのエフェクトもある

エフェクトを選ぶ

画面下部のエフェクト一覧から、エフェクトを選びましょう。

3 エフェクトつきで動画を撮影

エフェクトが決まったらそのまま撮影。エフェクトによっては顔の動きに合わせて効果を加えてくれます。

写真だけでも投稿できる!

TikTokは動画を基本としたSNSですが、最近は写真の投稿にも対応。事前にスマホで撮影しておいた写真を選んだり、iPhoneでは写真を撮影することもできます。もちろん、動画と同じく、ステッカーやテキストでの装飾や、フィルターでの加工にも対応。静止画だけでもテキストを使えば、そのときの気持ちや雰囲気を伝えることができるので、写真投稿もぜひ活用してみましょう。

1 「アップロード」を選ぶ

iPhoneではカメラで撮影した写真も利用できる

タップ

撮影済みの写真を投稿するには、撮影画面で「アップロード」を選びます。

2 写真を選ぶ

タップして写真を選ぶ

複数枚選びたい時はこちらをタップしてから選ぶ(iPhoneの場合)

スマホの中から写真を選びます。1枚だけでなく、複数枚選択して選ぶことも可能です。

3 加工して投稿する

テキストやエフェクトなど、加工してから投稿しましょう。BGMも選択できます。

超初心者に最適!
スタンダーズの入門書シリーズ

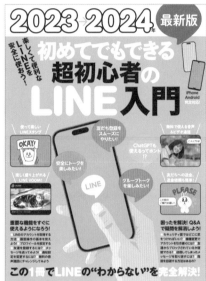

2023-2024 最新改訂版
初めてでもOK!
超初心者のためのスマホ完全ガイド

iPhone、Androidに対応した、初めてスマホを買った人、初心者向けのスマホ入門書です。オールカラーで160ページの見やすい誌面で、スマホの基本操作、文字入力、電話、メール、ほか便利なアプリの使い方などをしっかりとわかりやすく解説しています。

2023年8月22日発売
1,300円(税込)

2023→2024年 最新版
初めてでもできる
超初心者のLINE入門

スマホユーザーの多くが使っている、「LINE」の使い方をしっかりと学べる本です。LINEを使ってのトーク、グループでのトーク、スタンプ、音声通話、ビデオ通話など……定番機能から最新の機能まで、LINEの使い方をわかりやすく徹底解説した1冊です!

2023年5月23日発売
1,200円(税込)

はじめてのMac
パーフェクトガイド！2023

初心者、入門者向けのMac解説書です。ノートPC
では圧倒的な人気を誇るMacBookをはじめとして、
使いやすいiMacやMac miniなど、カッコよく魅力的
なMacを初めての人でもすぐに使えるように丁寧な
解説でまとめた1冊です。最新のOS「Ventura」対
応版となっています。

2022年12月27日発売
1,000円（税込）

初めてでもできる！
超初心者のパソコン入門

これからパソコンを使ってみたい人、最近使い始めた
人に最適のパソコン入門書です。Windows 11対
応版です。パソコンの電源の入れ方や、キーボードを
使っての文字入力、基本的なアプリの使い方など、
初心者がつまずきそうな部分に重きをおいて、丁寧に
解説しています。

2022年10月26日発売
1,100円（税込）

" SNSはあくまで 自分が楽しむためのもの! "

本書で紹介したSNSアプリは、やり方・楽しみどころがわかり、友達も増えてくると非常に楽しいものです。ただ、自分だけで楽しむゲームなどと違って、他人がからんでくるので、使う時間、投稿の内容、友達への配慮や承認欲求など、いろいろな意味で制御するのが難しい部分もあります。

ある程度SNSをやっていると、何百リツイートもされたり、通知がずっとなり続けて止まらない……いわゆる「バズる」こともあります。もちろん、快感が伴う嬉しいことである場合が多いですが、それによって反感を買い、誹謗中傷を受けたり、意図していなかった非難を受けたりする可能性もあります。

また、「SNS疲れ」という言葉もあるように、最初は楽しみで始めたことが、次第に時間をとられすぎるようになったり、友達への対応で大変な心労を味わったりと、苦痛の原因となってしまうこともあります。疲れたり、時間をとられすぎていると感じた場合は思い切って大幅に利用を減らし、SNSに触れない時間を意識的にとるようにしましょう。自分が消耗するまでSNSをやり続けても何の意味もありません。あまり重く考えず、気楽に考えていきましょう。

2023年10月5日発行

執筆
河本亮
小暮ひさのり

カバー・本文デザイン
ゴロー2000歳

イラスト
浦崎安臣

DTP
西村光賢

編集人　内山利栄
発行人　佐藤孔建
印刷所:株式会社シナノ
発行・発売所:スタンダーズ株式会社
〒160-0008
東京都新宿区四谷三栄町12-4
竹田ビル3F
営業部(TEL)03-6380-6132
(書店様向け)注文FAX番号 03-6380-6136

https://www.standards.co.jp

2023-2024最新改訂版!
大人のための LINE/Facebook/ X/Instagram/ TikTok/Threads
パーフェクトガイド